Jan Nijboer

Hunde verstehen

Meiner Frau Christiane gewidmet

Jan Nijboer

Hunde verstehen

Hundesprache und Verhalten

KOSMOS

Kommunikation – der Motor der Beziehung

Grundlagen der Kommunikation

Aggression

Lebenswelten von Mensch und Hund

Rassetypen und Veranlagung

Kommunikation und Erziehung

Kommunikation zwischen Mensch und Hund

In diesem Buch finden Sie zahlreiche Fallbeispiele.
Eine thematische Übersicht dazu steht auf Seite 243.

Viel Spaß beim Lesen.

Lernen Sie die Hundesprache

Individuell kommunizieren

Service

Über Kommunikation

Ein Buch über die Kommunikation mit dem Haustier Hund kann nie komplett sein, da kein Mensch Hund ist und wir nie alle Feinheiten dessen, was unsere Hunde uns mitzuteilen versuchen, verstehen werden. Dennoch ist es mein Anliegen, dem Leser mehr Wissen über die Kommunikation zwischen Mensch und Hund zu vermitteln, auf anschauliche, beispielhafte Weise, mit Humor, aber auch mit dem nötigen Ernst.
Doch woher kommt eigentlich das Wort Kommunikation und was bedeutet es? Kommunikation stammt aus dem Lateinischen, von „communicare", und bedeutet:
„gemeinschaftlich tun, mitteilen, in Verbindung stehen, sich verständigen, die Übertragung von Information von einem Sender zu einem Empfänger, und vice versa (andersherum)".
Das Wort „communicare" setzt sich wie folgt zusammen:
„com" = zusammen, mit, nebeneinander, bei einander, miteinander
„munia" = sich verpflichten, Leistung bringen
„uni(re)" = vereinigen, in Einklang bringen
„care" = lieb, engl.: sorgen

Für mich ist klar, dass hiermit gemeinsame Interessen gemeint sind. Ableitungen, die in Bezug auf Kommunikation auch meines Erachtens für dieses Buch sehr interessant sind, um zum Nachdenken anzuregen, möchte ich gerne aufführen:

Kommen: im Sinne von sich zusammenschließen
An**kom**men: die Mitteilung ist empfangen, Zuspruch finden, das Ziel ist erreicht
Ab**kom**men: Übereinkunft
Aus**kom**men: sich vertragen
Kommentar: Erklärung, Erläuterung, Betrachtung, Auslegung (der Information)
Komisch: unverständlich, befremdlich
Kommission/Komitee: an einem Auftrag zusammenarbeitender Ausschuss (gemeinsame Ziele?)
Kommune: lat: communis: allen gemeinsam, Gemeinschaft, Gemeinde
Kommunion: sich zusammenschließen, gemeinsames Abendmahl (gemeinsame Ziele?)
Kompromiss: Übereinkunft, auf einander zukommen
Kommunismus: lat.: communis: allen gemeinsam, allgemein, alles gehört allen

Diese Ableitungen haben alle etwas zutun mit einem „Miteinander" und gleichen Zielsetzungen. Dagegen gibt es eine Ableitung, die nicht unbedingt ein Miteinander darstellt, sondern in der Regel nur auf die Interessen von Einem ausgerichtet ist:

Kommando: Befehl, nur einer spielt die Rolle des Senders (ohne Wiederwort, Befehlsgewalt)
Mandat: lat.: mandare: das Wort übergeben (abgeben) lat.: manus : Hand, lat.: dare : geben, also eigentliche Bedeutung: „aus der Hand geben!".
Das Wort anderen überlassen (entmündigen?).
Die Erklärung „Befehlsgewalt" macht schon klar, dass in Kauf genommen wird, dem Willen des Anderen Gewalt anzutun. Welche Bedeutung hat wohl das Wort Kommando in der Kommunikation zwischen Mensch und Hund?

Die Verhaltensforschung beobachtet unter anderem das Verhalten von zusammenlebenden Individuen untereinander. Gezielte wissenschaftliche Verhaltensforschung (Ethologie) über unseren Haushund innerhalb des menschlichen Familienlebens gibt es leider noch viel zu wenig. In diesem Buch beschreibe ich meine Erfahrungen und Beobachtungen zum Verhalten und somit zur Kommunikation zwischen Menschen und Hunden. Mich interessiert nicht nur der Hund (oder sein Urvater Wolf), sondern vor allem auch die „Tierart" *Homo sapiens*, der Mensch. Mein Wissen stammt einerseits aus der Verhaltensbiologie und der Verhaltenspsychologie, aber vor allem aus meinen eigenen direkten Beobachtungen an der Kommunikation zwischen Mensch und Hund. Für mich ist und bleibt der Hund ein faszinierendes Wesen, das mir jeden Tag auf unterschiedlichste Weise seine vielfältigen Eigenarten zeigt und damit eine unbeschreibliche Bereicherung meines Lebens darstellt.

Kommunikation – der Motor der Beziehung

Verstehen – Verständigung – Beziehung

Optimale Kommunikation bedeutet im ersten Ansatz das Verstehen der Nachricht des anderen. Das gegenseitige Verstehen der Mitteilungen führt, wenn man sich auf die richtig verstandene Nachricht des anderen bezieht, zur Verständigung und somit zu einer besseren Beziehung. Daher ist Kommunikation der Motor einer Beziehung.

WICHTIG

In der Kommunikation gibt es einen pausenlosen Rollentausch zwischen Sender (Mitteilendem) und Empfänger (der, für den die Nachricht gedacht ist). Bei einer guten Kommunikation spielt man also beide Rollen: Sender und Empfänger. Wenn der Empfänger sich auf das Gesendete bezieht, steht er schon in Beziehung mit dem Sender.

Diskommunikation

Wenn die Nachricht des Senders nicht empfangen wird, findet eine einseitige Kommunikation statt. Sofern der Empfänger eine Nachricht falsch versteht und sich bei seiner Antwort an den ursprünglichen Sender auf das falsch Verstandene bezieht, spricht man von Diskommunikation. Auch hier stehen beide Individuen in einer Beziehung miteinander. Da man sich aber nicht wirklich versteht, wird in dieser Situation kein echtes Miteinander möglich sein. Kommt es zwischen zwei Individuen öfter zur Diskommunikation, so kann es keine gute Verständigung innerhalb dieser Beziehung geben. Die Beziehung wird dadurch negativ beeinflusst.

Beispiel zur Diskommunikation

Als Abteilungsleiter führe ich ein Gespräch mit einer Mitarbeiterin, in dem ich verschiedene Aspekte von Arbeitsabläufen vorbringe, die ich für verbesserungswürdig halte. Meine rationale Nachricht wird von ihr allerdings emotional falsch aufgefasst. Die Mitarbeiterin empfindet meine sachliche Kritik als Angriff auf ihre Persönlichkeit und fängt an zu weinen. Schon die Tatsache, dass ich sie

Im Gegensatz zu verbaler Kommunikation spielen Körperhaltung und Bewegung eine große Rolle innerhalb der Verständigung mit dem Hund.

zu dem Gespräch in mein Büro gebeten habe, hatte für sie eine kommunikative Bedeutung und wurde als Bedrohung aufgefasst. Diese Tatsache hatte ich völlig übersehen – ich wollte keine Bedrohung senden. Über ihre Reaktion bin ich daher völlig überrascht.

Als ich aus dem Weinen die Nachricht herauslese, dass die Mitarbeiterin in ihrer Persönlichkeit und in Bezug auf unsere Beziehung zueinander verunsichert ist, gebe ich ihr zu verstehen, dass bestimmt auch Verbesserungen in meiner Arbeit möglich sind und dass wir uns durch gegenseitige Verbesserungsvorschläge helfen können. Nun kommt meine Nachricht bei ihr richtig an. Dadurch entwickelt sich eine bessere Verständigung und sie hat Klarheit darüber, dass meine Kritik auf keinen Fall persönlich gemeint war.

Das Erscheinungsbild dieses Komondors führt zu Missverständnissen innerhalb der Kommunikation: Wo ist vorne, wo ist hinten?

Nun ein hündisches Beispiel zur Diskommunikation

Ein Golden Retriever trifft unterwegs im Wald einen Hovawart. Der Hovawart fixiert den Golden Retriever, duckt sich etwas und schleicht frontal auf den Golden Retriever zu. Der Golden Retriever zeigt eine Spielaufforderungsgeste. Daraufhin rast der Hovawart mit drohender Körperhaltung zu dem Golden Retriever, der sich jetzt auf den Rücken dreht und damit unterordnet. Der Hovawart attackiert knurrend den Golden Retriever, der nun erst versteht, was von Anfang an gemeint war: dass er abhauen soll. Er läuft schreiend und mit eingeklemmter Rute davon.

Erklärung

Der Golden Retriever hat einen schwachen territorialen Instinkt. Der beschriebene Hovawart hingegen ist stark territorial veranlagt. Der Hovawart ist direkt darauf aus, den Eindringling aus „seinem" Revier zu vertreiben. Der Golden Retriever versteht dies fälschlicherweise als Aufforderung zum Jagdspiel. Auch das Auf-ihn-zu-Stürmen sieht er nur als Korrekturmaßnahme für seine Spielaufforderungsgeste. Erst die Attacke bringt ihm Klarheit über die Mitteilung des Hovawarts. Aus reinem Selbstschutz heraus bleibt dem Golden Retriever nur die Flucht.

Das von Frauchen gesendete Signal wird durch den Husky ignoriert (gestörte Verständigung).

Der Funke springt über. Gespannt wartet der Husky auf Jans Mitteilung.

Nachricht empfangen: Gemeinsame Ziele machen Kommunikation wichtig.

Ein „Mensch-und-Hund"-Beispiel zur Diskommunikation

Ihr junger Hund „Stöpsel" ist bereits stubenrein. Wenn Sie jedoch nach Hause kommen, legt er sich aufgeregt auf die Seite und pinkelt. Sie schimpfen mit ihm, weil Stöpsel bereits gelernt hat, wo er pinkeln darf – nämlich draußen. Aber Stöpsel pinkelt weiter. Bei der nächsten Begrüßung läuft er in geduckter Haltung „tröpfelnd" um Sie herum. Weil der Flur jetzt mit Urin verschmutzt ist, sind Sie wortwörtlich „stinkend" sauer. Da kommt von Stöpsel die letzte „Zugabe": Nun kötelt er durch den ganzen Flur. Auch das noch!

Erklärung
Stöpsel legt sich bei der zuerst beschriebenen Begrüßung auf die Seite und zeigt dadurch submissives (unterwürfiges) Verhalten. Das Pinkeln soll bei Rudelgenossen Versorgungsverhalten in Form von Ablecken hervorrufen. Weil der Mensch in diesem Fall genau konträres Verhalten zeigt, pinkelt Stöpsel womöglich noch mehr – in der Hoffnung, der Mensch werde es dann verstehen. Bei der nächsten Begrüßung ist Stöpsel komplett verunsichert, sodass er durch die negative Spannung auf Abstand bleibt und überall ein wenig pinkelt, damit der Mensch durch den Urin von ihm abgelenkt wird. Wenn dies allerdings nicht passiert, kotet er aus reiner Angst. (Indem er sich entleert, bereitet sich der Körper auf eine mögliche Flucht vor. Daher kommt wohl auch der Spruch: „Du kleiner Schisser!") .
Sie merken, auch die Art der Erziehung hat mit Kommunikation zu tun und deshalb auch Konsequenzen für die Beziehung.

Gemeinsame Ziele machen Kommunikation wichtig

Gemeinsames zielorientiertes Handeln erfordert Kommunikation innerhalb eines sozialen Systems. Je nach Motivation hat die Kommunikation hierbei unterschiedlichen Stellenwert. Sofern der Empfänger die Nachricht des Senders nicht versteht, kann er ihm auch nicht folgen, weder geistig noch körperlich. Für uns Menschen bedeutet das: Sofern wir unserem Hund keine eindeutigen Signale geben, die er versteht, kann er uns weder geistig noch körperlich folgen. Dies beeinträchtigt die Qualität der Kommunikation.
Kommunikation muss von beiden Seiten gewollt sein. Das ist jedoch nur der Fall, wenn für beide die Kommunikation Sinn macht, also jeder von beiden mindestens ein wichtiges persönliches Ziel verfolgt. Mehr Sinn macht die Kommunikation innerhalb einer Beziehung, wenn es um gemeinsame nachvollziehbare Ziele geht.
Macht das Handeln für einen von beiden keinen Sinn, führt dies zu einseitiger Interaktion und somit zur Störung in der Kommunikation. Die Nachrichten werden für den anderen unwichtig. Daher wird das gemeinsame Handeln, die Bewegung, ineffektiv. Es kann sogar ein Gegeneinander entstehen. Wenn die Zusammenarbeit zwischen Mensch und Hund jedoch für beide sinnvoll und nachvollziehbar ist, wird der Hund sich mit dem Menschen besser identifizieren können und die Kommunikation hat innerhalb des sozialen Systems einen hohen Stellenwert.

Ein Beispiel:
„Arko" soll das Kommando „Bei Fuß" lernen. Das Kommando bedeutet, dass er an lockerer Leine links neben Herrchen aufmerksam hergehen soll. Er ist angeleint, zieht an der Leine nach vorne. Herrchen gibt ihm einen Leinenruck und sagt das Kommando „Fuß", wobei das „uss" betont ausgesprochen wird. Dies passiert wiederholt. Trotz aller Versuche läuft Arko nur bei Fuß, wenn Herrchen die Leine kurz hält.

Erklärung
Die Nachrichten, die Herrchen an Arko sendet, werden von ihm nicht verstanden, weil sie für ihn keinen Sinn ergeben und kein gemeinsames Ziel nachvollziehbar ist. Herrchen kann sich den Mund „fuss“elig reden, Arko wird ihm körperlich nicht folgen, da er ihm geistig nicht folgen kann. Was ist passiert? Arko wird aus seiner Perspektive korrigiert (Leinenruck) ohne dass er weiß, was er falsch gemacht hat. Dieser Vorgehensweise des Menschen kann er geistig nicht folgen, da es für ihn Sinn macht, so schnell wie möglich ans Ziel zu kommen und deshalb zügig vorwärts zu gehen. Anscheinend muss der Mensch wohl ein anderes Ziel vor Augen haben. Denkfehler Nummer 1: Der Mensch meint womöglich, dass Hunde nicht denken müssen, sondern sich grundsätzlich unterordnen sollen. Denkfehler Nummer 2: Herrchen denkt vielleicht, jetzt geht Arko bei Fuß, ordnet sich also unter. Damit lügt er sich selbst in die Tasche. Herrchen hält die Leine kurz und macht auf diese Weise Fitnesstraining für seinen Arm. Arko und Herrchen arbeiten gegeneinander. Die Kommunikation ist gestört und hat negative Auswirkungen auf die Er- und somit auch auf die Beziehung.

Kommunikation – der Spiegel der Beziehung

Das Mittel, mit anderen Individuen Ziele zu erreichen, ist die Kommunikation. Daran führt kein Weg vorbei. Da in einer Mensch-Hund Beziehung die gute Beziehung als solches Hauptziel sein sollte, ist es wichtig, wie man miteinander kommuniziert. Dies ist der Weg zu einem besseren Verstehen des anderen und führt zu einer guten Verständigung in einer optimalen Beziehung. Die Kommunikation ist der Spiegel der Beziehung.

Für eine gute Zusammenarbeit ist eine optimale Kommunikation zwischen Schäfer und Hütehund unentbehrlich.

Grundlagen der Kommunikation

Formen der Kommunikation

Kommunikation beim Hund lässt sich hauptsächlich in vier unterschiedliche Formen unterteilen:

- olfaktorisch (Wahrnehmung durch die Nase),
- akustisch (Wahrnehmung durch die Ohren),
- optisch (Wahrnehmung durch die Augen),
- taktil (Wahrnehmung durch Tastnerven).

Diese vier Formen darf man allerdings nicht getrennt voneinander betrachten. So ist beispielsweise das Markierverhalten eines Hundes nicht nur ein olfaktorisches, sondern – in Anwesenheit von Sozialpartnern oder Rudelfremden – gleichzeitig ein optisches Signal.
Da Kommunikation nicht im luftleeren Raum stattfindet, sondern entweder in Bezug auf Sozialpartner oder auf Fremde innerhalb einer bestimmten Situation, kann man die Kommunikation nicht ohne den Gesamtkontext beurteilen. Hiermit meine ich: Wie zeigt der Hund welches Verhalten wem gegenüber in welcher Situation?

Ein Zitat von Goethe:
„Wie alles sich zum Ganzen webt, eins in dem anderen wirkt und lebt!"
Goethe

Beispiel
„Joe", Ihr Cockerspaniel, „springt" bei der Begrüßung an Ihnen hoch. Weil Sie gehört haben, dass Anspringen „Dominanz" Ihnen gegenüber ausdrückt, und weil Sie dieses Verhalten nicht mögen, korrigieren Sie Ihren Hund „nach Vorschrift" mit einem „Nackenstoß". Joe hat aber seine Ohren zurückgelegt (optisch), hohe Fiepgeräusche gemacht (akustisch), seine Rute beim Wedeln tief gehalten (olfaktorisch und optisch) und ist eher mit Vorderpfotgesten an Ihnen hochgekrabbelt (taktil), als dass er Sie angesprungen hat. Dieses Verhalten drückt Submissivität (Unterwürfigkeit) Ihnen gegenüber aus, ist also genau konträr zu dominantem Verhalten bei Begrüßungen: Ein dominanter Hund stürmt mit erhobener, wedelnder Rute auf Sie zu, Ohren nach vorne, und springt Ihnen direkt frontal in die Magengegend. Damit will er nicht das Vorwürgen von Futter bei Ihnen hervorrufen, sondern Sie erst mal zum Stehen bringen und Ihre ungeteilte Aufmerksamkeit einfordern.
Sie würden Joe, Ihrem Cocker, Unrecht tun, wenn Sie seine Mitteilung falsch interpretieren und sich mittels Korrektur ihm gegenüber noch dominanter darstellen. Das würde bei zukünftigen Begrüßungen zu Ambivalenz (zwiespältigem Verhalten) – in diesem Fall Submissivitäts- und Meideverhalten – führen, da Joe Ihre Nachricht in dieser Situation nicht nachvollziehen kann. Viel besser wäre es, dem Hund einen ritualisierten Ablauf beizubringen, z. B. in Form von Sitz und Pfote geben. Er darf sich also submissiv zeigen, aber in einer modifizierten (abgeänderten) Form.

Dieser Welpe zeigt submissives Verhalten gegenüber seiner Mutter.

Olfaktorische Kommunikation

Die Sinnesleistung der Nase ist beim Hund um ein Vielfaches besser ausgeprägt als bei uns Menschen. Obwohl wir Menschen auch olfaktorisch miteinander kommunizieren (wir nennen das „Chemie"), sind wir uns dessen kaum bewusst. Man sollte als Mensch versuchen, „durch die Nase des Hundes" zu gucken, um sein olfaktorisches Umfeld zu sehen. Oder sollte ich besser schreiben: zu riechen? Aus eigener Erfahrung kann ich Ihnen sagen, dass man sein olfaktorisches Instrument, die Nase, erstaunlich weit trainieren kann, wenn man sich für Kot und Urin interessiert.

Markieren

Markieren ist das Absetzen oder Verteilen (z. B. durch Scharren) von Urin, Kot oder anderen Duftstoffen aus Drüsen mit dem Ziel einen bestimmten markanten Punkt im Umfeld mit dem eigenen Geruch zu akzentuieren. Markieren kann sowohl soziale Bedeutung innerhalb der eigenen Gruppe (intern) als auch territoriale Bedeutung für Rudelfremde (extern) haben.

Markieren zur Orientierung

Markieren kann zur eigenen Orientierung und zur Orientierung von Rudelgenossen im eigenen Territorium dienen. Dies hat soziale (interne) kommunikative Bedeutung. Über diese Form des Markierens finden Hunde effizienter den Weg zurück. Deshalb sieht man sehr oft, dass Hunde, die in ein unbekanntes Terrain kommen, die Neigung zu häufigerem Markieren haben. Durch Markieren von Stellen, an denen sie erfolgreich Beute gemacht haben, können sie auch diese später schneller wiederfinden.

Territoriales Markieren

Ferner kann Markieren dazu dienen, ein Territorium mit Duftstoffen zu belegen, um somit gegenüber Rudelfremden (Externen) den Besitzanspruch auf das Terrain zu signalisieren. Solch eine Kommunikation hat territoriale (externe) Bedeutung. Diejenigen, die diese Aufgabe übernehmen, sind somit von entscheidender Bedeutung für die Sicherheit des gesamten Rudels. Der Zusammenhang zwischen dem Reviermarkieren und dem Entstehen eventueller territorialer Konflikte wird von vielen Menschen unterschätzt. Um diese Zusammenhänge zu verdeutlichen, möchte ich Ihnen zunächst erklären, was ein Territorium ist und wofür man es braucht.

Was ist ein Territorium? Eine gute Definition hat Klaus Immelmann in dem Buch „Einführung in die Verhaltensforschung" gegeben, das im Blackwell Wissenschafts-Verlag erschienen ist: „Als Revier oder Territorium wird ein ‚selektiv verteidigtes Wohngebiet' bezeichnet, das heißt ein Areal, in dem die Anwesenheit seines Bewohners die gleichzeitige Anwesenheit von gleichgeschlechtlichen erwachsenen Artgenossen oder Konkurrenten ausschließt."

1) *Ein Hund liest die „Zeitung", um Informationen zu sammeln. Hier hat eine Hündin zuvor gepinkelt.*

2) *Schnell wird der Geruch für andere Rüden mittels eigenem Urin getarnt.*

3) *Schnuppern kann allerdings auch Kommunikation sein, so wie hier: Da war ein Hase in der Nähe.*

4) *Auch der Absatz von Kot auf markanten Stellen ist Markierverhalten.*

5–6) *Der Rüde kontrolliert, wie weit der Zyklus der Hündin fortgeschritten ist.*

Wozu braucht man ein Territorium? Das Territorium hat den Zweck, bestimmte Ressourcen zu garantieren. Man braucht ein Territorium als sicheren Ort für potenziellen Nachwuchs. Man braucht es allerdings auch, um ausreichend Nahrungsreserven zu haben, mit denen man den Nachwuchs großziehen kann. Das Territorium hat den Vorteil, dass man mögliche Verstecke kennt, die man für die Jagd ausnutzen kann. Außerdem wird ein Territorium gebraucht, um als Familie unter sich leben zu können, um auf diese Weise Paarbindung zu stimulieren und den Nachwuchs ungestört erziehen zu können. Des Weiteren bietet das Territorium Schutz durch bekannte Sicherheitszonen, falls Gefahr droht.

Ein menschliches Beispiel

Stellen Sie sich vor, Sie kommen nach Hause und treffen im Wohnzimmer einen fremden Mann auf Ihrer Couch an. Er hat Ihre gute Flasche Whisky leer getrunken, Ihre Handtücher als Toilettenpapier benutzt, Ihren guten holländischen Käse aus dem Kühlschrank geklaut und steht jetzt auf, um die Treppe hochzugehen und sich zu Ihrer Lebensgefährtin ins Bett zu legen. Wie würden Sie reagieren? Würden Sie ihm erst mal die Hausregeln erklären, damit er sich einordnen kann, oder würden Sie ihn so schnell wie möglich aus Ihrem Haus entfernen? Es ist wohl klar, dass es sich hier nicht um einen sozialen Konflikt handelt, sondern um einen Territorialkonflikt.

Wie bereits erwähnt, wird der Zusammenhang zwischen dem Reviermarkieren eines Hundes und dem Auslösen eventueller territorialer Konflikte bei sehr vielen – noch immer territorial veranlagten – Hunden vom Menschen unterschätzt.

Zum Verständnis ein hündisches Beispiel

Der kleine Münsterländer „Karl“ ist mit Herrn Otto in das ihm bekannte Terrain unterwegs, das er jeden Tag aufsucht. Einmal von der Leine gelassen, beginnt er sofort, die Markierstellen anderer Hunde zu suchen, und markiert über diese Stellen mit Urin. Dabei scharrt er ausgiebig an der Stelle, an der „Cesar“, Westhighland White Terrier von Frau Urinius, markiert hat. Kacke, denkt Karl, das riecht verdammt frisch. Da sieht er auch schon Cesar, der fröhlich mit einem Zweig im Maul frei herumläuft. Weil Karl das Terrain und alle Ressourcen, die dazugehören, als seinen Besitz betrachtet, sieht er es als Provokation an, wenn Cesar mit „seinem“ Zweig herumläuft. Anfangs einen direkten Konflikt meidend, schnuppert Karl kurz am Boden und guckt dabei Cesar an, womit er ausdrückt: „Siehst du nicht, dass du auf

Der Zweig steht symbolisch für Nahrungsressourcen.

meinem Boden herumläufst?" Als dieses Signal von Cesar ignoriert wird, geht Karl in einem Bogen fixierend um Cesar herum und markiert gegen einen Baum, wonach er scharrenderweise Cesar weiter fixiert. Cesar reagiert jetzt mit dem „Totschütteln" des Zweiges und fängt an, diesen in einer Spielaufforderungsgeste zu zerlegen. Hiermit macht Cesar „seinen" Besitzanspruch klar. Jetzt läuft Karl zu Cesars Rudelgenossin, Frau Urinius, springt an ihr hoch, schnuppert an ihr und hebt dann an ihr markierenderweise sein Bein. Damit drückt er aus: „Guck mal, was ich mit deinem Besitz tun kann!" Nun wird es Cesar doch zu bunt, denn auch er ist in „seinem" Territorium. Er scheucht Karl von Frau Urinius weg, weil Frauchen „sein" Besitz ist. Karl bleibt jetzt auf respektablem Abstand, kann aber nicht wirklich weg, weil auch einer „seiner" Rudelgenossen, Herr Otto, noch vor Ort ist. Frau Urinius wird es jetzt ebenfalls zu bunt, sie nimmt Cesar an die Leine, wirft Herrn Otto einen bösen Blick zu und geht nach Hause. Karl denkt: Hab ich es doch noch geschafft.

Erklärung

Hunde wie Karl und Cesar, die territorial veranlagt sind, müssen „ihren" Lebensbereich seltsamerweise mit zig rudelfremden Artgenossen teilen. So wie in diesem Beispiel sieht jeder der Hunde das Terrain als das eigene an. Bestätigt wird dies, indem jeder das Revier mit Duftstoffen als das eigene abgrenzt. Trotzdem werden die Grenzen überschritten. Wenn man als territorial veranlagter Hund in seinem Revier unterwegs ist und die Pflicht hat, überall zu markieren, ist man deshalb auch für die Sicherheit anderer Rudelmitglieder zuständig. Somit wird einem die Rolle des Entscheidungsträgers bei eventuellen territorialen Auseinandersetzungen aufgezwungen.

In einem normal funktionierenden sozialen Kanidensystem ist es so, dass die meist erfahrenen erwachsenen Tiere mit dem höchsten Status im Rudel für das Markieren des Territoriums zuständig sind, da die Leittiere auf diese Weise versuchen, Gefahren für die Juvenilen (Jungtiere) abzuwenden. Ist plötzlich doch Gefahr da, treffen die Leittiere die Entscheidungen: Flucht oder Angriff (fight or flight).

Wenn es um Ressourcen geht, sind potentielle Konkurrenten unerwünscht und werden, wenn möglich, vertrieben.

Nicht nur Rüden markieren. Diese Hündin (rechts) setzt mit Kot ihren Duftstoff ab.

Die juvenilen Tiere und Tiere mit einem niedrigeren Status entleeren sich meistens auf camouflierten (getarnten) Stellen, und zwar auf einmal und üblicherweise in gehockter Haltung. Sie trauen sich selbst in Anwesenheit von Ranghöheren nicht, Markierverhalten zu zeigen. Somit ist das Markieren nicht nur für Rudelfremde von Bedeutung (externe Kommunikation), sondern gleichzeitig ein Dominanzsignal für Rudelgenossen (interne, soziale Kommunikation).

Markieren und Sexualität

Vor der Läufigkeit beobachtet man bei Hündinnen meist ein ausgeprägtes Markierverhalten. Um mehr Sicherheit für den potenziellen Nachwuchs zu schaffen, zeigen sie in dieser Phase des Zyklus eine verstärkte Territorialität. Eine Hündin pinkelt also nicht nur deshalb weiter weg von der Wohnung, um mehr Rüden anzulocken, sondern sie möchte auch, dass das Gebiet rund um die Wohnung Sicherheitszone bleibt. In dieser Phase sieht man meist eine Steigerung der territorialen Aggression anderen Hündinnen oder sogar fremden Welpen gegenüber.

Während der Läufigkeitsphase wird markiert, um Rüden den Moment der Paarungsbereitschaft anzuzeigen. Eine Hündin kann letztendlich genau vor der Nase des Rüden markieren, wonach sie ihn zum Vorspiel (Tanz) auffordert. In der Anfangsphase der Läufigkeit wird der Rüde eine verstärkte Neigung zeigen, über die Markierstellen der Hündin zu markieren. Kurz vor der Deckbereitschaft der Hündin leckt der Rüde den Urin der Hündin auf.

Aaswälzen als Parfümierungsverhalten. Vor allem die erogenen Zonen sind wichtige Stellen hierbei.

Aaswälzen

Über das Aaswälzen gibt es unter Ethologinnen und Ethologen noch immer unterschiedliche Auffassungen und Hypothesen. Einige denken, dass Kaniden ein Camouflageverhalten (Tarnung) zeigen, bevor sie mit der Jagd beginnen, um von potenziellen Beutetieren nicht so rasch gewittert zu werden. Andere wiederum denken, es sei etwas Ähnliches wie das Tanzverhalten bei Bienen und diene dazu, die Sozialpartner zur bereitliegenden Beute zu locken.

Weil ich mich nicht an wissenschaftliche Richtlinien halten muss, kann ich voller Überzeugung schreiben, was ich glaube: dass es nämlich Parfümierungsverhalten ist, mit dem Ziel, anderen Rudelgenossen zu imponieren. Wenn man beobachtet, was Hunde direkt nach dem Wälzen tun – nämlich zu Rudelgenossen laufen und sich ausgiebig beriechen lassen, wobei eine Imponierhaltung gezeigt wird –, denke ich, der Hund möchte damit ausdrücken: „See me, feel

me, touch me!" Also: „Riech mich und mein exklusives Parfum!" Für Hunde muss es komisch sein, dass dieses Parfümieren auf Menschen nicht – wie auf andere Hunde – anziehend, sondern eher abstoßend wirkt. Dabei besprühen Menschen sich die erogenen Zonen doch mit dem gleichen „Zeug" (nämlich Drüsensekret von anderen Tieren).
Beweise für diese These liefert die Reaktion der hündischen Sozialpartner auf das gegebene Signal. Auch bei Hunden gibt es erogene Zonen – Hals- und Nackenbereich, Rücken, Nase und Backen – und genau diese Zonen werden durch das Wälzen parfümiert und durch die Sozialpartner intensivst beschnuppert. Der Hund genießt die extreme Aufmerksamkeit sichtlich und fordert nach langem Beriechen zum „Tanz", sprich: zum Spiel auf. Ja, sogar wenn kein Aas vorhanden ist und eine Hündin mit Rüden „flirten" möchte, zeigt sie das Wälzverhalten so lange, bis sie die volle Aufmerksamkeit findet, wonach das ganze „Ritual" wie gerade beschrieben abläuft. Sie lässt die Rüden hinter sich herjagen.
Früher – als auf „freier Wildbahn" lebender junger Mann – ging ich öfter zur „Jagd" in die Diskothek. Bevor ich in die Disko ging, habe ich den Geruch von „Moschus-Ochsen" auf meinen erogenen Zonen (Wange, Hals und Ohrenbereich) aufgetragen. Um meinen eigenen Körperduft noch etwas männlicher zu betonen, habe ich unter meine Achseln „Irish Moos" gesprüht. In der Disko wurde ich auf eine heiße Fährte gebracht, durch eine vorbeiziehende Duftwolke. Jil Sander hieß sie und siehe da – unsere „Chemie" passte. Wir waren beide auf Wolke sieben und haben tierisch gut getanzt.

Die Hündin dreht sich bewusst auf den Rücken, um die volle Aufmerksamkeit des Rüden auf sich zu lenken.

Analwittern

Analwittern dient der individuellen Erkennung, da jedes Individuum über die Analdrüsen seinen persönlichen Geruch hat. Sich beriechen zu lassen spielt bei der Begrüßung deshalb auch eine wichtige Rolle. Ein Hund, der dabei seine Rute hoch nimmt, um sich ausgiebiger beschnuppern zu lassen, zeigt soziale Sicherheit. Sofern ein Hund bei der Begrüßung die Rute nach unten trägt oder sogar einklemmt, zeigt er damit eine soziale Hemmung. Allerdings gibt es Hündinnen, die sich grundsätzlich nicht gern durch fremde Rüden beriechen lassen und dies auch signalisieren, entweder indem sie sich hinsetzen, die Rute einklemmen oder anderweitige Abwehrgesten zeigen.

Genitalwittern

Genau wie das Analwittern dient das Genitalwittern der individuellen Erkennung und Kontrolle der Paarungsbereitschaft und kann eine Aufforderung zur Paarung sein. Die Hündin fordert den Rüden zum Deckakt auf, indem sie seinen Genitalbereich beriecht und leckt. Danach präsentiert sie dem Rüden ihren Genitalbereich. Deckt die Hündin bei der Begrüßung durch einen Rüden dagegen ihren Genitalbereich mit der Rute ab (Rute eingeklemmt), will sie signalisieren: „Ich bin momentan nicht bereit, mich mit dir zu paaren." Das Einklemmen der Rute bedeutet hierbei keine soziale Unsicherheit, sondern ist ein unmissverständliches Signal für den Rüden. Manchmal schnappt die Hündin sogar nach ihm.

Nun stellen Sie sich vor, dass es Hundezüchter gibt, die diese Signale bei ihren Hündinnen völlig ignorieren und die Tiere sogar festhalten, damit sie von einem Deckrüden vergewaltigt werden können. Wie muss sich so ein extremer Vertrauensbruch auf die Beziehung zwischen Hündin und Mensch auswirken! Das Vorgehen kann sogar negative Auswirkungen auf die Welpen haben. Stellen Sie sich vor, man würde mit unseren Töchtern so verfahren – wir würden es kriminell und pervers nennen.

Der Dominantere gibt häufig Rangniederen ausgiebig die Möglichkeit zum Genitalwittern.

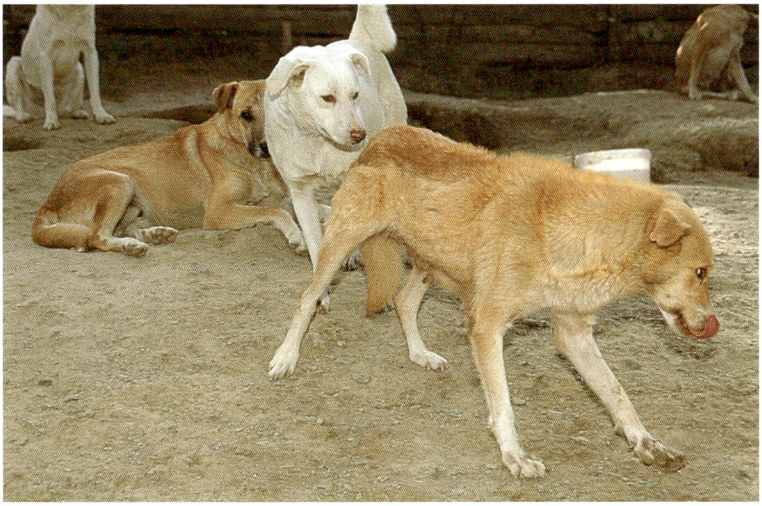

Der Rüde (links) testet die Paarungsbereitschaft der Hündin. Sie wehrt ab (Bild rechts) und verzieht sich mit angelegter Rute (unteres Bild).

Submissiv urinieren

Auch ein Hund, der sich auf den Rücken dreht (Ohren angelegt, Rute entspannt auf dem Boden) und dadurch Submissivität (Unterwürfigkeit) anderen gegenüber zeigt, wird ausgiebig beschnuppert, ja sogar beleckt werden, weil diese Körperhaltung bei Sozialpartnern Versorgungshandlungen hervorruft. Der Effekt wird noch verstärkt, wenn der Hund hierzu uriniert.

Eine ambivalente (zwiespältige) Form der submissiven Begrüßung ist dagegen das Urinieren in gehockter Körperhaltung (Ohren angelegt, Rute eingeklemmt). Dies stellt sowohl Submissivität als auch ernsthafte soziale Unsicherheit dar. Es kennzeichnet eine unklare Beziehung (siehe hierzu das Mensch-Hund-Beispiel „Stöpsel" zur Diskommunikation, Seite 13).

Defäkieren und Urinieren bei Angst oder Aufregung

Ein weiterer olfaktorischer Reiz – der sich in der Regel nicht an Sozialpartner richtet, sondern an rudelfremde Artgenossen, die als Bedrohung empfunden werden – besteht darin, sich aus Angst zu lösen. Dies geschieht sogar während der Bewegung und ermöglicht eine schnellere Flucht. Der Kot ist hierbei meistens dünn. Der Körper wirft sozusagen Ballast ab und kann sich somit voll auf die Flucht konzentrieren. Dabei gibt es einen nützlichen Nebeneffekt: Urin und vor allem Kot stellen eine Ablenkung für die bedrohlichen Rivalen dar, die von den (durch Drüsensekret aus den Analdrüsen) stark riechenden Fäkalien häufig angezogen werden.

Bodenwittern und Lecken am Boden, Zähneklappern

Dieses Verhalten hat verschiedene Funktionen. Zum einen dient das Bodenwittern der Revierkontrolle und geschieht in diesem Zusammenhang meist vor dem Markieren. Bei starker Aufregung – wenn etwa eine frische Markierstelle eines gleichgeschlechtlichen rudelfremden Artgenossen wahrgenommen wird – kann sogar mit den Zähnen geklappert werden.
Rüden kontrollieren durch Bodenwittern zum anderen den Urin von heißen Hündinnen auf Geschlechtspheromone, damit sie die Paarungsbereitschaft der Hündin nicht verpassen. Sie lecken den Urin auf und klappern mit den Zähnen, als würde der Urin aphrodisierend wirken.
Das Auflecken von Urin und Kot der eigenen Welpen dient deren Sicherheit, indem der Geruch sich nicht festsetzen und somit von Rudelfremden nicht wahrgenommen werden kann.
Obwohl sehr umstritten, könnte es meiner Meinung nach sein, dass das Auffressen des eigenen Kots häufig bei territorial unsicheren Hunden auftritt und deren eigener Sicherheit dienen soll. Das Fressen von Kot fremder Hunde könnte dagegen als Eliminieren des Geruchs des Konkurrenten gedeutet werden.

Duftverbreitung durch Schwanzwedeln

Die meisten Menschen glauben an das Märchen vom freundlich schwanzwedelnden Hund. Tatsächlich gibt es Hunde, die dabei freundlich sind und nichts Böses im Sinn haben – aber eben nicht nur. Welche Bedeutung hat also das Wedeln mit der Rute? Bei einem Hund mit normalem Körperbau befindet sich etwa 10 bis 15 cm unterhalb des Rutenansatzes die Pecaudaldrüse. Durch das Wedeln wird das in der Drüse befindliche Sekret in der Luft verbreitet. Je höher die Rute beim Wedeln getragen wird, desto mehr Sekret wird in das Umfeld abgegeben. Die Geruchsverbreitung könnte man frei übersetzen mit: „Riech mich, denn ich bin sehr wichtig und möchte deine Aufmerksamkeit haben!“ Unter Rudelgenossen bedeutet das ein sozial sicheres Auftreten, mit folgenden möglichen Zielen:

- den sozial höheren Status erkennbar zu machen,
- dominant zu imponieren oder
- einem rudelfremden Eindringling ins Territorium die erste Verwarnung zu geben.

Wie Sie Bodenwittern in der Kommunikation mit Ihrem Hund als Signal einsetzen können, lesen Sie auf Seite 202.

Beim Wedeln mit niedrig getragener Rute wird weniger Sekret verbreitet. Dies drückt Unterwürfigkeit aus. Die unter den Bauch gezogene, nicht wedelnde Rute bedeutet Unsicherheit: „Achte nicht auf mich, ich möchte am liebsten nicht hier sein.“ Zur Vervollständigung will ich noch erwähnen, dass die Rute

Der halb liegende Hund hält die Rute unten und verbreitet somit wenig Körpergeruch. Im Gegensatz zu dem Hund rechts im Vordergrund, der durch die hoch getragene wedelnde Rute seinen Geruch in die Richtung des anderen Hundes fächert.

auch völlig neutral, entspannt nach unten hängen kann. Bei der Hitze der Hündin wird beim Schwanzwedeln nicht nur das Sekret der Pecaudaldrüse, sondern auch der Geruch des vaginalen Ausflusses verbreitet.

Fußsohlenfährte

Die Fußsohlen sind eine der wenigen Körperstellen, an denen ein Hund schwitzt. So wird über die Sohlen der eigene Geruch abgegeben, was – neben dem Markieren – der sozialen Orientierung im Territorium dient. Auch Eindringlinge können diese Fährte natürlich riechen und daran erkennen, dass sie auf fremdem Terrain sind.

Akustische Kommunikation

Im Vergleich zu seinem Urvater, dem Wolf, bellt der Hund sowohl häufiger als auch vielfältiger, was in der Regel als Neotenie (Verkindlichung) des Hundes gesehen wird. Dabei hört man Unterschiede in Art und Weise des Bellens und kann auch klare Unterschiede in der Funktion für die Kommunikation feststellen.

Bellen

So kann das Bellen einem territorialen Eindringling imponieren. Hierbei beginnt fast jeder Bell-Laut mit einer Form von kurzem Knurren („Rrrrrrrwuff"). Es entwickelt sich aus dem sozialen Alarmsignal, das bei territorialer Verunsicherung mit einer Art „Niesgeräusch" anfängt und sich über ein gedämpftes „Buff"-Geräusch zum territorialem Bellen steigern kann. Des Weiteren kann die erstgenannte Form („Rrrrrrwuff") auch eine interne kommunikative Bedeutung haben als Vorwarnung vor einer möglichen Korrektur.

Oben: Dieses Bellen verrät Unsicherheit und das Bedürfnis die Gefahr auf Distanz zu halten.

Rechts: Aufforderung zum Spiel. Der linke Saarloos Wolfhond fordert auf kläffende Weise zum Spiel auf.

Kontaktbellen

Bellen wird auch genutzt, um den verloren gegangenen Kontakt mit Sozialpartnern wieder herzustellen. Dieses Bellen klingt sehr hoch und durchdringend und kommt in zwei Formen vor: mehr oder weniger winselndes Bellen, was Unsicherheit (Trennungsangst) in dieser Situation ausdrückt, und das stereotype „Waffen", das man meistens bei Hunden hören kann, die weniger unter Trennungsangst, als unter Kontrollverlust leiden. Letzteres kann man auch bei Hunden beobachten, die auf diese Weise jemanden zum Spiel auffordern („Kläffen").

Angstbellen

Bei Angst wirkt das Bellen als Kombination aus Schmerzschrei und dem oben erwähnten „Waffen" und bedeutet so viel wie: „Hör bitte auf, tu mir nichts!" Zudem gibt es noch eine Art heulendes Bellen, das als Lautgeben während der Jagd bekannt ist. Allerdings ist fraglich, inwieweit dieses Lautgeben noch kommunikative Bedeutung hat. Natürlich klingt diese Lautäußerung (wie alle) je nach Rassetyp verschieden.

Heulen

Das Heulen ist bei sehr vielen Hunden durch die Domestikation verschwunden. Wenn es noch vorhanden ist, sollte man es differenziert betrachten. So gibt es ein Heulen, welches das gesamte Rudel in eine Art soziale Ekstase bringt. Nach manchen Deutungen wird damit das Sammeln der Rudelgenossen vor Jagdbeginn ausgelöst. Meiner Meinung nach ist das Heulen eher territorial veranlasst. Wenn man meint, zwanzig Wölfe heulen zu hören, so sind es meist nur acht. Die Indianer haben dieses Verhalten von Wölfen übernommen und während territorialer Auseinandersetzungen Lautäußerungen eingesetzt, um konkurrierenden Stämmen zu imponieren. Daneben gibt es noch ein eher monotones Heulen, das die Funktion hat, Kontakt mit Rudelgenossen herzustellen.

Beim Heulen wird der Kopf in den Nacken gelegt, es erklingt ein langgezogener Ton.

Jaulen oder Wimmern

Dieses infantile Verhalten fordert Aufmerksamkeit und soll bei Sozialpartnern Versorgungsreaktionen hervorrufen. Es kann sehr penetrante Formen annehmen und wird dann von erwachsenen Tieren ignoriert oder sogar korrigiert. Für uns Menschen ist es völlig logisch, direkt zu reagieren, wenn ein kleines Baby anfängt zu schreien (Instinktverhalten?). Wenn allerdings dieses Kind drei Jahre alt ist, im Einkaufswagen vor der Kasse sitzt und tosend brüllt: „Mama, Lolly!!!", finden wir so ein Verhalten plötzlich unerwünscht und ignorieren oder korrigieren es.

Knurren

Dieses Warnsignal ist innerhalb des eigenen Rudels als Vorwarnung vor einer möglichen Korrektur zu verstehen. Haushunde können knurren, um Ressourcen wie Futter, Knochen, Liegestelle usw. gegen Familienmitglieder zu verteidigen. Außerdem wird das Knurren als Warnsignal gegenüber Rudelfremden angewandt, bevor es zu einem territorialen Angriff kommt. Je tiefer dabei geknurrt wird, umso sicherer fühlt sich der warnende Hund in der Situation. Ein hohes Knurren ist demnach eher ein unsicheres Knurren.

Winseln

Hohes Winseln, wie man es von Welpen kennt, drückt Unwohlsein aus. Es kann aber auch bei Aufregung während der aktiven Unterordnung produziert werden, als infantiles Verhalten, das die Aufmerksamkeit und Versorgung der Ranghöheren auslösen soll.

Schmerzschrei

Schreien aufgrund von Schmerzen dient bei der sozialen Interaktion innerhalb der eigenen Gruppe dem direkten Abbruch des Schmerz verursachenden Reizes. Bei einer Attacke durch einen Rudelfremden stellt der Schmerzschrei einen Hilferuf dar, der an die Rudelgenossen gerichtet ist.

Zähneklappern

Das Zähneklappern kann auf unterschiedlichste Weise erzeugt werden. Sie haben schon erfahren, dass Zähneklappern bei Aufregung über einen starken olfaktorischen Reiz, nämlich Markierstellen eines Konkurrenten oder einer

heißen Hündin, gezeigt werden kann. Dies passiert mit angespannter Kiefermuskulatur. Im Gegensatz dazu ist bei dem Zähneklappern, das man in einem anderen Aufregungszustand hören kann – nämlich bei Unsicherheit oder Angst –, die Kiefermuskulatur viel lockerer. Der Unterkiefer hängt mehr oder weniger frei.
Zudem gibt es noch ein In-die-Luft-Schnappen, bei dem das Aufeinanderklappen der Zähne ganz klar zu hören ist. Ich nenne es Beißen auf Abstand. Es wird vor allem von unsicheren, ängstlichen Hunden als defensive Drohung gezeigt, aber auch beim offensiv Drohen als Vorwarnung eingesetzt. Hier gilt es, wie immer, den Hund in seinem gesamten Kontext zu beurteilen!

Pusten

Der vordere Saarloos kriecht fast in das Mäuseloch. Die anderen beiden reagieren interessiert.

Während der gemeinsamen Jagd pusten Hunde z. B. in ein Mäuseloch, was bei ihren Rudelgenossen zu einer direkten Reaktion führt: Sie schnuppern an der gleichen Stelle. Das Schnuppern als solches löst ähnliche Reaktionen aus.
Oft beobachte ich, dass Hunde versuchen, auch den Mensch auf diese Weise etwas zu mitzuteilen. Der Hund schnuppert „vor der Nase" des Besitzers auf dem Boden. Die meisten Menschen denken, der Hund sei mit sich selbst beschäftigt. Wenn man allerdings den Menschen bittet, sich auf der Stelle umzudrehen (ohne wegzugehen), sieht man in der Regel den Hund wieder vor den Menschen laufen, um dort weiterzuschnuppern.
Auch wenn wir so gute Ohren hätten wie unsere Hunde, wären wir dennoch nicht in der Lage, alle akustischen Signale komplett zu erkennen und richtig zu deuten. Wenn wir allerdings auf akustische Weise mit unseren Hunden kommunizieren wollen, kann ich nur sagen: „Reden Sie hündisch, auch mit Ihrer Stimme!"

Optische Kommunikation

„Was ihr nicht fasst,
das fehlt euch ganz und gar,
was ihr nicht rechnet,
glaubt ihr, sei nicht wahr,
was ihr nicht wägt,
hat für euch kein Gewicht,
was ihr nicht münzt,
das, glaubt ihr, gelte nicht."

Goethe

Wir Menschen sind sehr optisch eingestellte sozial lebende Säugetiere. Bekannt ist, dass wir uns hauptsächlich anhand der Körpersprache einen Eindruck von der Persönlichkeit eines Individuums verschaffen. Die Information, die wir durch unseren Körper und seine Ausdrucksformen geben, bestimmt, wie wir auf andere wirken. Auch die Stimme spielt dabei eine wichtige Rolle. Der Inhalt des Gesprochenen ist dagegen eher unbedeutend. Die elektronische Kommunikation ist in unserer Gesellschaft zwar unabdingbar, sorgt aber auch für viele Kommunikationsprobleme, da man nicht mehr von Angesicht zu Angesicht miteinander redet und somit kein komplettes Bild von einer Person erhält.

Kommunikation ist Bewegung

Dieser Goethe-Vers erklärt für mich, wie es sein kann, dass wir es als reines „Bewegungsbedürfnis" abtun und nicht an eine kommunikative Bedeutung denken, wenn wir einen Hund in Bewegung sehen. Wir nehmen beim Hund nur die Oberfläche wahr. Doch wie wollen wir verfeinert mit dem Tier Hund kommunizieren, wenn wir die kommunikative Komponente nicht sehen?

Bewegungsbedürfnis?
Sie kennen bestimmt die so genannten „verrückten fünf Minuten" bei einem Hund wie „Speedy", den Sie gerade abgeleint haben. Speedy rast in einem Affenzahn in weiten Kreisen um Sie herum, schlägt dabei plötzliche Haken, saust knapp an Ihren Beinen vorbei, und bei der nächsten Wiederholung müssen Sie sogar einen Schritt zur Seite treten, um nicht über den Haufen gerannt zu werden. Sie denken vielleicht: Endlich kann er mal wieder sein Bewegungsbedürfnis befriedigen. Weit gefehlt! Sie kratzen leider nur an der Oberfläche dessen, was Speedy mit seinem Verhalten ausdrücken möchte. Spätestens wenn Speedy auch noch anfängt zu buddeln, sollten Sie sich fragen, was Ihr Hund Ihnen hiermit vermitteln möchte.
Es steckt im Wesen aller sozial lebenden Säugetiere, ihre Fitness zu üben und sie vor allem den Sozialpartnern auch zu zeigen. Das hat eine Funktion. In der Natur gilt „survival of the fittest", und Speedy hat Ihnen gerade gezeigt, dass er

Beim Spiel bewegt man sich, weil man spielen möchte. Setter Donovan spielt im Spiel gegenüber Flat Coated Nickelby die erzieherische Rolle.

In der Kommunikation von Mensch zu Mensch spielen Mimik und Gestik, also Bewegung, eine größere Rolle, als man sich oft bewusst ist.

von Ihnen beiden der Fittere ist. Noch dazu hat er es in einem Umfeld demonstriert, wo es wirklich auf Fitness ankommt – nämlich dort, wo es Beute geben und man möglichen Konkurrenten begegnen könnte. Wer hat also eigentlich seine „verrückten fünf Minuten“? Ihr Speedy, der Ihnen klar gemacht hat, dass er zu vernünftigen Aktionen bereit ist , angedeutet durch das Herumrasen mit erhobener Rute und gesenkter Nase nach unten und noch betont durch das Buddelverhalten? Oder Sie, die diese fünf Minuten wie am Boden festgenagelt dastanden und sich nicht getraut haben, das Verhalten von Speedy wie ein normaler ranghöherer hündischer Rudelgenosse zu unterbinden? (So könnte Speedy Ihr Verhalten interpretieren.)
Beobachten Sie doch öftes mal ganz bewusst zwei miteinander lebende Hunde beim Spielanfang. Dabei sehen Sie, dass der dominantere der beiden ein Verhalten wie das von Speedy bei seinem Mitspieler einschränkt und sich selbst die größten Freiheiten herausnimmt. Der Dominantere wird Speedys Verhalten meist nur in der so genannten Sicherheitszone erlauben, sprich: in dem Bereich, wo höchstwahrscheinlich nicht plötzlich eine ernst zu nehmende Situation eintreten wird. Und selbst dann sollte der Rangniedrigere Respekt vor dem Körper des Dominanteren haben.

Beispiel
Eine bei mir in Ausbildung befindliche Hundeerziehungsberaterin machte in ihrer Hundeschule bei der Welpengruppe folgenden Versuch: Zunächst waren die Besitzer mit ihren Welpen auf dem Platz, die miteinander spielen durften. Die Welpen tobten kreuz und quer über den Platz, rempelten und sprangen die Besitzer dabei an, spielten zwischen den Beinen und auf den Füßen der Menschen herum. Nun sollten die Besitzer den Platz verlassen. Die Hundeerziehungsberaterin holte, die den Welpen bereits bekannte souverän dominante Owtscharka-Hündin Lena auf den Platz und legte sie dort in der Mitte ab. Die Welpen tobten zwar weiter, hielten jedoch einen respektablen Abstand zu Lena und vermieden Körperkontakt mit ihr.
Danach holte die Hundeerziehungsberaterin die Besitzer wieder auf die Wiese und platzierte sie in unmittelbarer Nähe rings um Lena. Die Welpen tobten – aber nicht mehr zwischen den Beinen der Menschen, sondern in einem respektablen Abstand zu ihnen. Das hatte allerdings nichts mit den Menschen zu tun, sondern eher mit der Tatsache, dass die Welpen Respekt vor Lena hatten. So konnte die Hundeerziehungsberaterin den Besitzern anschaulich machen, was die kommunikative Bedeutung des Verhaltens der Welpen in dieser Situation war – dass sie nämlich kaum Respekt vor ihren Menschen hatten.

Körperbewusstsein

Die Wahrnehmung der einzelnen Körperteile in ihrer Relation zueinander erfolgt anhand der pausenlosen Interaktion zwischen diesen Körperteilen während der Bewegung. Bewusstes (motiviertes) Einsetzen der einzelnen Körperteile als Teile eines gesamten Systems ist Körperbewusstsein, das Resultat der Sinnesempfindung, das Denken und die funktionsorientierte Bewegung.
Die auf diese Weise entwickelte Selbstwahrnehmung führt zu einer besseren

„Nichts tun" ist auch Kommunikation. Die Mutter ignoriert das Anspringen ihres penetranten Sprösslings.

Wahrnehmung anderer Individuen im sozialen Umfeld. So wird das Individuum Teil eines größeren Systems, des sozialen Systems. Es interagiert mit seinen Sozialpartnern und versucht sich mit ihnen zu identifizieren (entwickelt soziales Bewusstsein), indem es

- ihre Bewegung (ihr Handeln) verfolgt,
- die Bewegungen nachahmt,
- durch Vorbildverhalten lernt,
- gemeinsam mit ihnen in Relation zum Umfeld handelt.

Das zeigt, wie groß die kommunikative Bedeutung von Bewegung in einem sozialen System ist.

Bevor wir in die Details der optischen Kommunikation des Hundes gehen, möchte ich nochmals betonen, dass man – auch wenn ich hier einiges detailliert beschreiben werde – die Kommunikation nicht ohne den Gesamtkontext beurteilen kann. Hiermit meine ich: Wer sagt warum was in welchem Kanal auf welche Weise zu wem mit welchem Effekt?

Ein sich bewegender Hund wird in dieser Bewegung eine bestimmte Körperhaltung zeigen, und seine Mimik wird dieses in der Regel noch akzentuieren. So kommen wir auf die Einteilung in zwei Hauptgruppen, die ich hier weiter beschreiben möchte:

- Körperhaltung und Mimik,
- Gangarten und Bewegungsabläufe.

WICHTIG

Auch wenn wir nichts tun, hat dies eine kommunikative Bedeutung und somit Auswirkung auf das Verhalten unseres Hundes! Ebenso hat nicht gezielte, unbewusste Körpersprache Einfluss auf sein Verhalten. Wir müssen ausreichend Körperbewusstsein entwickeln, um Körpersprache gezielt einsetzen zu können. Außerdem wäre es nützlich, das Körperbewusstsein unseres Hundes genauso zu stimulieren, damit die Kommunikation beidseitig klarer wird.

Körperhaltung und Mimik

Wie wir bereits festgestellt haben, nimmt der Hund in der Bewegung innerhalb der Kommunikation eine bestimmte Körperhaltung ein. Diese Körperhaltung wird auch gezeigt, ohne dass der Hund in Bewegung ist. Ich möchte hier verschiedene Körperhaltungen, kombiniert mit der Mimik, innerhalb bestimmter Verhaltensbereiche schildern.

Der alte, erfahrene Saarloos zeigt eine neutrale, entspannte aber aufmerksam beobachtende Körperhaltung.

Neutrale, entspannte Haltung

Der Hund steht auf allen vier Pfoten mit geradem Rücken und mit entspannt nach unten hängender Rute. Der Kopf wird etwas hoch gehalten mit dem Nasenrücken leicht nach unten. Die Ohren sind entspannt nach vorne gerichtet oder bewegen sich in Richtung möglicher Geräuschquellen. Die Körpermuskulatur zeigt einen niedrigen Tonus (Spannung). Die Gesichtsmuskulatur ist ebenfalls entspannt, wodurch auch die Augen des Hundes ruhig wirken. In Bewegung sieht man die entspannte Körpermuskulatur noch akzentuierter. Der Hund zeigt im Trab einen federnden Gang, den Schritt würde ich als „Dahertrotten“ beschreiben.

Imponierhaltung

Bei dieser selbstbewussten, „stolzen“ aufrechten Körperhaltung wird der Kopf hoch getragen. Der Hund hat seine Beine steif durchgedrückt und die Rute leicht (nicht extrem) hochgenommen. Er geht etwas steif und breitbeinig. Als Mensch würden wir diese Haltung „Machogehabe“ nennen. Die Mimik ist anfangs neutral, die Schnauze leicht schräg nach unten und die Ohren nach vorne gerichtet. Der Hund kann seine Sozialpartner während des Imponierens ignorieren, allerdings auch mit den Augen fixieren. Hierbei zeigt die Nase noch etwas mehr nach unten und die Rute wird höher genommen. Der Hund hat einen erhöhten Muskeltonus (angespannte Körpermuskulatur).
Imponieren hat immer mit Selbstdarstellung zu tun, was bedeutet, dass die

Imponierhaltung nicht die einzige Form des Imponierens sein muss. Hunde können auch durch bestimmte Aktionen körperliche Fitness oder anderweitige Geschicklichkeit beweisen und anderen damit bewusst imponieren. Ich sehe daher das Imponierverhalten nicht nur als latente Drohung, sondern als Ausdrucksform der Selbstwahrnehmung und des Selbstbewusstseins im sozialen Kontext. Der Hund möchte von seinem sozialen Umfeld wahrgenommen werden und sich in seinem Selbstempfinden bestätigt sehen.

Imponieren und das andere Geschlecht Imponierverhalten ist auch eine Selbstdarstellung gegenüber dem anderen Geschlecht, dem der Hund in der Hoffnung, eine starke Anziehungskraft ausüben zu können, imponieren will. Es ist biologisch sinnvoll, dass bei der Partnerwahl stark auf Fitness und Überlegenheit selektiert wird. Deshalb macht ein Rüde sich größer, als er eigentlich ist. Das kennen wir auch vom Menschen. Die männlichen Körpereigenschaften werden beim menschlichem Imponieren ebenso verstärkt: breite Schultern (Schutz und Stütze), Körpergröße (deshalb aufrechte Haltung), zwei stabile Standbeine (kennzeichnen Territorialität), die beiden oberen Knöpfe vom Hemd geöffnet (Brusthaar, trotzdem noch sanft), volles Kopfhaar (oder Toupet? – Ausdruck von jugendlicher Dynamik) und ausreichend Muckis (Verteidigung von Ressourcen). Die Frauen wiederum versuchen den Männern mit der Akzentuierung der weiblichen Körperformen zu imponieren, wie z. B. Po und Hüfte (Gebährfähigkeit), Brust (prima Milchbar), volles Kopfhaar (Ausdruck weiblicher Hormone) und flacher Bauch (noch kein Nachwuchs vorhanden).

Der Rüde imponiert der Hündin und leckt zärtlich ihre Augen aus.

Beispiel
In einem Raum sitzen drei männliche Arbeitskollegen, Franz, Fritz und Romeo, und reden über Fußball. Da kommt die sehr hübsche Kollegin Julia herein und gesellt sich zu den Kollegen. Schlagartig ändert sich das Gespräch der Männer. „Durch die Blume" werden auf witzige Weise abwertende Bemerkungen übereinander gemacht und jeder versucht sich möglichst frauenfreundlich darzustellen. Die Körperhaltung der Männer ändert sich. Jetzt sitzen sie aufrecht, ziehen ihren Bierbauch ein, was gleichzeitig die Männer größer und die Schultern breiter wirken lässt. Fritz zeigt starkes Interesse an Julia, indem er sie pausenlos anschaut. Julia jedoch hat starkes Interesse an Romeo. Um seine Aufmerksamkeit zu erlangen, schaut sie ihn an, löst ihren Pferdeschwanz und streicht durch ihre langen Haare. Romeo fühlt sich geschmeichelt und allmählich wird Franz immer kleiner. Er zieht sich zurück. Romeo fragt Fritz, warum er immer diese komische graue Kappe trägt. Fritz wird rot und stammelt: „Ich kriege sonst einen Sonnenbrand auf dem Kopf." Julia kann sich ihr Lachen nicht verkneifen und sagt zu Romeo: „Du würdest mir auch mit einer Kappe gut gefallen." Nun tönt das Signal zum Pausenende – die Rettung für Fritz. Schnell geht er zu seinem Arbeitsplatz zurück. Romeo nutzt seine Chance und fragt Julia, ob sie Lust hätte, abends mit ihm ins Kino zu gehen ... Sind wir Menschen so viel anders als unsere Hunde?

Doch zurück zur Hundewelt: Die Imponierhaltung kann ins imponierende Drohen übergehen, wenn die Bestätigung durch das soziale Umfeld nicht ausreichend gegeben ist. Sofern der Hund sich aber in seinem sozialen Kontext überschätzt hat, wird sein Selbstwertgefühl einen leichten Knacks bekommen und daher sein Imponieren aufhören.
Auch im territorialen Kontext, sprich rudelfremden Artgenossen gegenüber, hat das Imponieren eine ähnliche Funktion: wahrgenommen und respektiert werden in seinen territorialen Besitzansprüchen. Das Imponieren kann sogar nur reines Bluffen sein. Dann wird versucht, die eigene Unsicherheit zu verbergen (überspielen), in der Hoffnung, den Gegner verunsichern zu können. Imponieren hat immer die Funktion, möglichen Konflikten vorzubeugen.

T-Stellung
Erweist ein Hund einem anderen imponierenden Hund zu wenig Respekt, so muss er damit rechnen, dass der andere Hund ihn steifbeinig imponierend umkreist, ja sogar quer vor ihm stehen bleibt, wodurch er nicht länger missachtet werden kann. Der andere kommt ihm nicht nur wortwörtlich, sondern auch geistig in die Quere. Diese Stellung, die man T-Stellung nennt, wird meistens gezeigt, wenn es nicht nur um Sozialstatus, sondern auch um die Verteidigung von Ressourcen geht: „Keinen Schritt weiter in Richtung Futtervorrat!" oder „Keinen Schritt weiter auf meine Hündin zu!"
Des Weiteren dient die T-Stellung auch der Sicherheit bzw. dem Abschirmen vor Gefahren, allerdings wird dann in Richtung der potenziellen Gefahr geguckt. So schirmt ein Muttertier die Welpen vor fremden Hunden ab. Das hat jedoch nichts mit dem eigentlichen Imponieren zu tun, sondern eher mit

der elterlichen Rolle. Auch der menschlichen Bezugsperson gegenüber sieht man dieses parentale, fürsorgliche Verhalten häufig. Der Mensch wird gegen eventuelle Gefahren abgeschirmt.
Hunde kommen dem Menschen häufig auch bei der Begrüßung in die Quere. Das kann sowohl eine soziale als auch – Fremden gegenüber – eine territoriale Bedeutung haben. Sozial bedeutet es eine Begrenzung der Bewegungsfreiheiten eines im Sozialstatus Rangniedrigeren. Auch führt es dazu, dass der Hund die seinem hohen Sozialstatus entsprechende „Be-Achtung" findet. Man kommt nicht ohne weiteres um ihn herum. Territorial bedeutet es entweder: „Keinen Schritt weiter!" oder, etwas milder: „Denk daran, jeder deiner Schritte wird durch mich kontrolliert." Auch wir Menschen kennen den Ausdruck „jemandem in die Quere kommen". Sie können jetzt wohl nachvollziehen, dass die menschliche Körpersprache diesbezüglich ziemlich ähnlich aussieht und daher der Ausdruck den Zusammenhang zwischen Körper und Geist beschreibt. „Sich querstellen", „Querkopf", „Querulant", „in die Quere kommen" – das alles hat mit dem Blockieren der Möglichkeiten des anderen zu tun. Also nicht ein Miteinander, sondern ein Gegeneinander.

Oben: T-Stellung. Eine extrem angespannte Situation.

Unten: Bei Jans Begrüßung kommt ihm der Schäferhund in die Quere, der die Situation für Frauchen „abchecken" will.

Die Attacke des linken Saarloos hat das Ziel, den anderen zu verscheuchen.

Offensives Drohen

Imponieren kann sich, wie beschrieben, graduell steigern und letztendlich sogar zu einem Angriff führen. Bevor es so weit kommt, wird das Imponieren zu offensivem Drohen. Das fängt mit einem fixierenden, starren Blick an. Die Rute wird höher genommen und pendelt leicht hin und her. Der Kopf wird mehr nach vorne, in Richtung des Gegners gesenkt, wodurch das Fixieren noch verstärkt wird. Die Nacken- und Rückenhaare werden gesträubt, die Stirn gerunzelt, der Nasenrücken gekräuselt. Die Kiefer bleiben fest aufeinander gedrückt, womöglich werden die Vorderzähne gezeigt, indem die Mundwinkel nach vorne hochgezogen werden. In dieser Phase pendelt die Rute nicht mehr, sondern wird in Verlängerung des Körpers waagerecht, mit einem kleinen Knick nach oben, als Ruder für einen möglichen Angriff bereitgehalten. In der Regel wird hierbei geknurrt.

Reaktion im territorialen Bereich

Die Reaktionen auf das territoriale Imponieren oder Drohen eines Artgenossen können stark variieren. Da ein Eindringling meistens versuchen wird, einem Streit aus dem Weg zu gehen, geht er dem Imponierenden auch wortwörtlich aus dem Weg – sprich: Er zieht sich zurück oder flüchtet sogar. Wenn allerdings der Eindringling der Imponierende ist, wird die Reaktion auf dieses Verhalten meistens imponierendes Drohen sein. Das kann sogar bis zur Attacke, also zum Vertreiben oder Ausschalten des Gegners, führen.

Nochmals möchte ich darauf hinweisen, dass es für sehr viele territorial veranlagte Hunde bei Begegnungen mit anderen Hunden nicht darum geht, die Rangordnung zu klären, sondern territoriale Besitzansprüche geltend zu machen. Inwieweit andere Hunde im Territorium toleriert werden, ist abhängig von Veranlagung, Erfahrung, Ressourcen und eventuellen hormonellen Zuständen des Hundes. Vor allem aber sind die Rangordnungsverhältnisse zwischen Mensch und Hund maßgebend. Sofern der Mensch in seiner Beziehung zum Hund die ranghöchste Position innehat, wird der Hund ihm in der Regel auch bei territorialen Auseinandersetzungen die Initiative überlassen.

WICHTIG

Die Reaktion eines Hundes auf das Imponieren eines Artgenossen fällt im territorialen Bereich (rudelfremde Artgenossen) und im sozialen Bereich (innerhalb der sozialen Gruppe) unterschiedlich aus.

Reaktion im sozialen Bereich

Hier kann gegenüber dem imponierenden Artgenossen soziale Hemmung in Form von submissivem Verhalten gezeigt werden, was den anderen beschwichtigen soll. Submissivität kann sowohl passiv als auch aktiv gezeigt werden.

Aktiv submissive Begrüßung. Der Rangniedrigere orientiert sich meistens am Ranghöheren. Der Ranghöhere ist in der Regel mehr nach außen orientiert (passive Dominanz).

Der Ranghöhere (rechts) erwidert die Begrüßung mit einer imponierenden Körperhaltung und „macht“ von oben herab Schnauzenkontakt.

Ein dritter Hund (rechts) mischt sich ein. Er zeigt auch freundlich gemeinte imponierende Gesten. Daraufhin zeigt der Rangniedrigere (Mitte) passive Submissivität.

Im Gegensatz zum Imponieren, wo der Hund sich so groß wie möglich macht, zeigen Hunde ihre Submissivität dadurch, dass sie so klein wie möglich wirken. Die Verhaltensformen lassen den Hund viel infantiler und hilfloser erscheinen, und diese „Hilflosigkeit" wirkt beschwichtigend.

Passive Unterwerfung

Bei der passiven Submission (Unterwerfung) wird dies am deutlichsten gezeigt. Hierbei rollt sich der Hund über die Seite auf den Rücken und hebt eine oder beide Vorderpfoten zur Brust hoch, wobei er die Pfoten an den Körper heranzieht. Bewegungslos bleibt er mit nach hinten angelegten Ohren liegen. Dies zieht seine Kopfhaut straff. Die Augen werden häufig zusammengekniffen, wobei Blickkontakt mit seinem Gegenüber vermieden wird. Die Lefzen werden zurückgezogen, was wie ein „Grinsen" aussieht. Der Genitalbereich wird freigegeben, häufig wird sogar gepinkelt. Dieses Verhalten hat seinen Ursprung im hündischen „Babyverhalten", wo das Muttertier dem auf den Rücken gedrehten Welpen den Genital- und Analbereich mit der Zunge massiert (dominante, sprich: parentale Versorgungshandlungen). Daraus lässt sich die Bedeutung gut herleiten: Beschwichtigung durch Auslösen von Versorgungshandlungen bei demjenigen, der imponiert.
Bei uns Menschen ist das auch nicht viel anders. Auch wir reagieren stark auf das Kindchenschema oder auf infantilisiertes Verhalten (z. B. Weinen), da es Hilflosigkeit ausdrückt. Es beschwichtigt, weil wir das gute Gefühl bekommen, gebraucht zu werden oder, besser gesagt, für die hilflose Person wichtig zu sein. So könnte man es auch bei Hunden erwarten. Der eine Hund imponiert, möchte sich als wichtig darstellen. Der andere Hund drückt über Submissivität aus: „Ich kann nicht ohne dich, ich brauche dich, du bist mir wichtig."
Leider reagieren wir Menschen nicht mehr so natürlich wie unsere Hunde und lassen unser Verhalten durch kulturbedingte Verhaltensregeln, die so genannte Etikette, leiten. Es kann zu Kommunikationsschwierigkeiten führen, wenn Kultur und Natur aufeinander prallen. Wenn man die Etikette so verinnerlicht hat, kann man meist nicht mehr nachvollziehen, woher die Kommunikationsschwierigkeiten kommen.

Oben: Der Rangniedrigere (Mitte) legt die Ohren an und schaut zum Ranghöheren (links) hoch, der eine kurze Anspring-Geste zeigt.

Mitte: Der linke Saarloos zeigt auf Distanz einen spielerisch angedeuteten Nackenstoß.

Unten: All dies, auch die passive Unterwerfung des mittleren Saarloos, wird im Spiel gezeigt. Spiel beugt somit wirklichen Auseinandersetzungen vor.

Ein Beispiel

Mama Böse ist sauer auf Tochter Iris, da sie zu wild mit ihrem Brüderchen Benjamin gespielt hat und deshalb die Glasscheibe in der Küchentür kaputtgegangen ist. Sie steht Iris frontal gegenüber und guckt imponierend-drohend auf Iris nieder, wobei sie schimpft. Iris, die anfangs noch zu Mama hochguckt, aber schon rasch dem fixierenden Blick ausweicht und verlegen zur Seite schaut, weint leise. Seltsamerweise wird Mama Böse jetzt noch böser und sagt mit erhobener Stimme zu Iris: „Guck mich gefälligst an, wenn ich mit dir rede!" Iris, komplett hin- und hergerissen (ambivalent), guckt Mama an. Da fühlt Mama Böse noch mehr Aufregung in sich aufsteigen und schreit: „Verschwinde aus meinen Augen und geh auf dein Zimmer!"

Was ist hier passiert?

Links: Von oben herab schauen alle auf ein Mitglied der Gruppe herunter und machen dieses somit klein.

Unten: Der untere Hund erwidert das drohende Fixieren des erhöht stehenden Hundes mit submissiven Gesten (Kopf wegdrehen und Pfote anwinkeln), als Vorgeste, bevor er sich auf den Rücken legt.

Erklärung
Iris, ein noch nicht „kultur-versautes" Mädchen, zeigt völlig natürliche Beschwichtigungssignale, die durch Mama Böse (da bereits „kultur-versaut") nicht mehr richtig interpretiert werden. Mama hat gelernt, dass es gute Etikette ist, wenn man die Person anguckt, die mit einem spricht. Ein klassisches Beispiel von Kultur contra Natur.
Iris senkt den Blick zum Boden, weil sie sich klein und niedergeschlagen fühlt. So gibt es auch bei Menschen keine Trennung von Körper und Geist. Woher würden sonst wohl die Begriffe „von oben herabschauen", „auf jemanden herabsehen", „jemanden niedermachen" oder „zu jemandem aufsehen", „jemanden aufbauen" oder auch „Hochachtung" kommen? Früher saßen Lehrer auf einem erhöhten Podest und haben sich von oben herab Respekt verschafft. Die Schüler haben damals noch zum Lehrer (hin)aufgeblickt.
Von oben herabzusehen ist strategisch günstig und verschafft einem den Überblick. Zu jemandem hochschauen bedeutet, sich an demjenigen zu orientieren, der den Überblick hat. Sich kleiner machen in einer Begrüßungssituation von Mensch zu Mensch („Hofknicks") zeigt den Respekt und somit die Abhängigkeit dem anderen gegenüber. Kinder sind klein und Erwachsene sind groß. Sich kleiner machen und zu jemandem hochschauen ist also infantiles (kindliches) Verhalten und drückt daher Submissivität (Unterwürfigkeit) aus. Achten Sie darauf – bei Hunden ist das genauso. Der nach oben gerichtete Nasenrücken drückt innerhalb der Kommunikation mit Sozialpartnern meistens Submissivität aus. Andersherum zeigt der nach unten gerichtete Nasenrücken Überlegenheit.

Der Dingo-Rüde beobachtet sehr genau alle Bewegungen des Fotografen.

Augenkontakt

Blickkontakt hat nicht nur unter Menschen, sondern auch bei Hunden kommunikative Bedeutung. In der verfeinerten Kommunikation von Hunden reicht häufig schon ein kurzer Blick aus, um den anderen einzuschüchtern oder sogar zu korrigieren. Im Gegenzug reicht ein direktes Weggucken beim Blickkontakt aus, um den anderen zu beschwichtigen, Konfrontationen zu vermeiden oder den eigenen niederen Rang auszudrücken. Bei Menschen wirkt es schüchtern und somit auch beschwichtigend, in Spannungssituationen den Blick abzuwenden.

Bei Mensch und Hund Das Weggucken kann allerdings auch ein Ignorieren sein und bedeutet dann: „Du bist Luft für mich." Das wird gezeigt, indem man am anderen vorbeiguckt oder sich sogar demonstrativ in die andere Richtung wegdreht.

Bei Hunden Länger andauernder Augenkontakt wird eher zu einem Fixieren des anderen, wobei dies sogar eine wortwörtliche Auswirkung haben kann, nämlich den anderen auf der Stelle festzuhalten. So kann fixieren mit steigernder Dauer ständig bedrohlicher wirken. Allerdings wird auch bei großer Angst in Richtung der potenziellen Gefahr fixiert. Der Hund behält seine Bedrohung pausenlos im Auge. Auch hierbei möchte er die Bedrohung nicht weiter auf sich zukommen lassen, sondern auf der Stelle fixieren. („Komm mir bitte nicht zu nah!")

Unter Menschen Ein Blick wird von einem fremden Menschen registriert, wenn er etwa drei Sekunden dauert. Ein klein bisschen länger als drei Sekunden, ist er ein Signal für eindeutiges Interesse. Der andere Mensch fragt sich allmählich „Was will er bloß von mir?" Dieser Blick spielt deshalb beim Flirten eine entscheidende Rolle. Dauert der Blick allerdings sehr viel länger, wirkt er starr und drohend, zumindest bei geringer körperlicher Distanz. Als Mensch sollte man sich dieser Wirkung auch in Bezug auf Hunde bewusst sein.

Missverstandener Blickkontakt

Leider werden gerade ängstliche Hunde von Menschen unbewusst bedroht – durch starkes Fixieren, Ansprache und dazu noch Streicheln. Hiermit möchte man zwar signalisieren: „Du brauchst doch keine Angst vor mir zu haben, ich tu dir nichts", aber gerade dadurch fühlt sich der Hund noch stärker bedroht, weil der Mensch ihm tatsächlich etwas getan hat. Er hat sein Signal nicht respektiert und der Hund fühlt seinen Körper missachtet und somit auch seine Person gefährdet.
Zwischen Sozialpartnern wird Augenkontakt auch stattfinden, um die Aufmerksamkeit des anderen auf sich zu ziehen (z. B. Spielaufforderung) oder ihn in eine Richtung zu schicken, um eine bestimmte Aufgabe zu erfüllen (z. B. schickt die Hündin auf diese Weise den Rüden in Richtung eines Eindringlings los). Es ist genau wie bei uns Menschen: Je ausgereifter die Beziehung ist, desto häufiger genügt ein Blick, um sich gut zu verständigen. Zwischen eng befreundeten Hunden ist längeres entspanntes Angucken nicht als Fixieren zu deuten. Ich

Zwischen diesen beiden ist alles klar. Der Augenkontakt ist hier keineswegs eine Bedrohung, sondern eher angehaltene Spannung, wer von beiden zuerst loslegt. (Zu beachten ist die nicht frontale Stellung.)

Die linke Hündin zeigt klares Fluchtverhalten: Ohren angelegt, Rute eingekniffen, und sie behält die „Bedrohung" im Auge.

würde es eher als liebevollen, vertrauten Blickkontakt werten. Was hier körperlich gezeigt wird, ist ein Spiegelbild der Bindung zwischen den beiden. Dies wird auch von Hund zu Mensch gezeigt und umgekehrt – und bei einer guten Bindung vom Hund auch so aufgefasst. Bei menschlichen Partnern bestätigt es das Vertrauen und somit die Bindung untereinander, wenn man sich für längere Zeit ruhig in die Augen schaut.
Hoffentlich wird Ihnen allmählich klar, warum wir in der Kommunikation mit unserem Hund nicht an kulturell vorgeschriebener Etikette festhalten sollten. So sehe ich in vielen Begleithundeprüfungen, dass es in der frontalen Position, beim „Vorkommen", erwünscht ist, dass der Hund uns pausenlos fixiert, statt den Blick zu meiden – wodurch er uns auf die Pelle rückt (sprich: keinen Respekt vor unserer Individualdistanz zeigt). Hunde können diese Formen der Kommunikation nicht richtig deuten. Deshalb sollte man natürlichere ritualisierte Abläufe innerhalb der Kommunikation mit seinem Hund erarbeiten.

Aktive Unterwerfung wird hier schon durch das Muttertier als zu penetrant gesehen.

Aktive Unterwerfung

Im Gegensatz zur passiven Unterwerfung stammt diese Form der Unterwerfung aus dem aktiven Futterbettelverhalten junger Welpen. Je aktiver ein Welpe um Futter bettelt, umso besser sind seine Überlebenschancen. Und achten Sie einmal darauf: Gerade die Welpen, die sehr penetrant nach Futter betteln, haben große Schwierigkeiten, beim parentalen Versorgungsverhalten des Muttertieres ruhig liegen zu bleiben. So entwickeln sich von Anfang an Unterschiede zwischen den Welpen. Da die um Futter bettelnden Welpen schneller wachsen und meistens generell aktiver sind, werden sie schon rasch eine dominante Rolle unter den Wurfgeschwistern einnehmen, indem sie sich z. B. pausenlos zwischen die anderen und die „Milchbar" drängeln. Anfangs wird das Muttertier dies nicht nur erlauben, sondern sogar positiv bestärken. Der kleine „Frechdachs" bekommt die größte Aufmerksamkeit von der Mutter und den anderen Erwachsenen. In Holland nennt man dies das „Piep-System": Derjenige mit der größten Klappe wird stärker beachtet und hat deshalb bessere Voraussetzungen.

Leider ist das „Piep-System" auch im menschlichen Zusammenleben anzutreffen. Wer am lautesten schreit, bekommt meist Recht. Wer sich am meisten aufspielt, schüchtert andere erst mal ein.

Beispiel

Frau Liebermann gibt eigentlich gern Unterricht in ihrer Schulklasse. Wenn da bloß nicht Peter wäre, der pausenlos ihre Aufmerksamkeit verlangt. Sie mag ihn, weil sein Verhalten nicht böse gemeint ist. Dass er häufig dazwischenquatscht, wenn andere an der Reihe sind, und in unmöglichen Momenten Fragen stellt, ist zwar lästig, andererseits fühlt Frau Liebermann sich aber auch verehrt. Sie hat das Gefühl, für Peter wichtig zu sein. Daher hat Frau Liebermann Peter in ihr Herz geschlossen.

In der gleichen Klasse sitzt Heidi. Sie ist weniger lernbegierig, beteiligt sich selten am Unterricht und schaut meist still vor sich hin. Sie ist sehr schmächtig, hat eine blasse Gesichtsfarbe und eine hässliche Brille dazu. Wenn Frau Liebermann Fragen an die Klasse stellt, macht Heidi sich kleiner und schaut weg. Frau Liebermann sagt zu Heidis Eltern, dass ihre Tochter zwar ein braves Mädchen ist, das keiner Fliege etwas zuleide tun würde, aber dass sie nicht besonders intelligent ist. Zu Peters Eltern sagt Frau Liebermann, dass er sehr talentiert ist und es noch weit bringen wird, da er viel Initiative zeigt und sehr intelligent ist. Leider bewirkt das „Piep-System“, dass Frau Liebermann Heidi grob unterschätzt, was ihre Intelligenz angeht. Sie ist einfach stark sozial gehemmt und zeigt sich so passiv, weil sie ein geringes Selbstwertgefühl hat. Peter dagegen wird durch die starke Aufmerksamkeit, die er bekommt, sein Selbstwertgefühl noch weiter steigern können.

Zurück zum Hund. Wie sieht nun die aktive Unterordnung bei unseren Vierbeinern aus? Wie schon erwähnt leitet sich die aktive Unterwerfung vom Futterbettelverhalten ab und gestaltet sich auch entsprechend: In geduckter Haltung,

Der Welpe zeigt hier nur noch eine schwache Pfotgeste und leckt vorsichtig das Maul. Dies wird durch die Mutterhündin toleriert.

mit zurückgelegten abstehenden oder anliegenden Ohren und nach oben gerichtetem Nasenrücken macht der Hund die gleichen Stupsbewegungen, die er schon beim Trinken an der Zitze gezeigt hat. Bei diesen Stupsbewegungen, mit oder ohne Kontakt zu den Maulwinkeln des anderen, wird häufig geleckt. Der Hund wedelt intensiv mit seinem ganzen Körper, wobei die Rute niedrig gehalten wird. Ab und zu uriniert er dabei auch. Während er sich in geduckter Haltung befindet, kann er abwechselnd mit dem linken oder rechten Vorderbein „pföteln“. Achten Sie darauf: Dieses „Pföteln“ wird mit angewinkelter Pfote gezeigt – im Gegensatz zur „Pfot-Aufleg-Geste“, die mit gestreckten Gliedmaßen gezeigt wird und eher fordernden oder auffordernden Charakter hat.

Durch die angelegten Ohren und die zurückgezogenen Maulwinkel drückt diese Hündin Submissivität aus.

Bedingt durch den Größenunterschied kann der Hund sogar pfötelnd am Körper des Menschen hochklettern. Das wiederum darf man nicht mit dem Hochspringen mit strammen Gliedmaßen verwechseln, bei dem die Körperhaltung keine Submissivität ausdrückt, sondern eher soziale Überlegenheit oder territoriales Drohen. Abhängig von möglichen sozialen Spannungen wird die Reaktion auf aktive Unterordnung unterschiedlich ausfallen. Ist eine positive Stimmung in einer sozial stabilen Gruppe gegeben, so wird dieses Verhalten häufiger toleriert. Bei sozialen Unklarheiten wird die penetrante Unterordnung mit einem Über-die-Schnauze-Beißen „quittiert". Man kann schon ahnen, welche Bedeutung das hat: Im Gegensatz zum Vorwürgen von Futter aufgrund des Bettelverhaltens wird hier gesagt: „Ich hab kein Futter für dich, lass mich in Ruhe!" Somit wird wieder Respekt hergestellt, und die aktive Unterordnung wandelt sich meistens in die schon beschriebene passive Unterordnung. Hierbei möchte ich nochmals auf das Beispiel von dem Kind verweisen, das an der Kasse nach einem Lolly schreit.

Wichtig

Die aktive Unterordnung kann sich später sogar zu penetrantem dominantem Verhalten entwickeln! Dieses Verhalten zeigt z. B. die Alpha-Wölfin gegenüber dem Alpha-Rüden oder sogar einem Rangniedrigeren, wenn diese von der Jagd zurückkommen, während sie bei den Welpen zurückgeblieben ist. Wird kein Fressen vorgewürgt, kann es geschehen, dass die Wölfin die anderen wieder auf die Nahrungssuche scheucht. Wird Futter vorgewürgt, bekommt der Lieferant Bescheid gesagt, dass er von dem Futter nichts abbekommt. Auch wenn das Futterbettelverhalten der Alpha-Wölfin submissiv aussehen mag, ist es doch eher als penetrante Forderung zu werten. Wie Sie sehen, kann submissives Verhalten sehr dominant sein. Es entscheidet immer der Gesamtkontext darüber, wie ein bestimmtes Verhalten zu beurteilen ist.

Wenn aktive Submission wirklich als Unterordnung gemeint ist, wird das dazugehörige Verhalten auf Distanz zum anderen gezeigt, ohne dass dabei direkter Körperkontakt entsteht. Diese gehemmtere Form weist mehr Respekt für den Körper und somit die Persönlichkeit des anderen Individuums auf.

Unsicherheit

Da die Körpersprache bei Unsicherheit ziemlich ähnlich aussehen kann wie bei Submissivität, wird ein submissiver Hund meistens fälschlich als der „geschlagene, ängstliche" Hund angesehen. Es gibt allerdings einen gravierenden Unterschied: Der submissive Hund, der soziale Hemmung in seinem Verhalten zeigt, kann sich dabei „pudelwohl" fühlen – im Gegensatz zum unsicheren Hund. Der Letztere fühlt sich in seinen Basissicherheiten bedroht und ist somit fast ausschließlich auf Selbsterhaltung orientiert. Unsicherheit ist eine Vorstufe von Angst und in jedem Fall ein Stress verursachender Zustand, der, wenn er längere Zeit andauert, sogar körperliche Schäden verursachen kann. Ein sub-

missiver Hund ist zwar sozial gehemmt, aber nicht unbedingt gestresst. Ein Hund, der sozial verunsichert ist, z. B. durch unklare Rangordnungen, macht einen viel desorientierteren Eindruck.
Unsicherheit wird durch Meideverhalten manifestiert. Der Hund meidet die Situation oder die Person, mit der er nicht zurechtkommt. Dabei macht er seinen Körper meistens kleiner, als er ist (Verringerung der Angriffsfläche). Die Gliedmaßen sind eingeknickt, die Rute eingeklemmt und der Rücken rund gemacht. Die Augenbrauen werden hoch-, die Stirnhaut nach hinten gezogen, wodurch die Augen größer erscheinen. Die Ohren werden zur Seite und nach hinten gelegt, sodass der Gehörgang an der Seite zu sehen ist. So guckt der unsichere Hund meistens mit nach oben gerichteter Nase in die Richtung der Bedrohung. Der Fang bleibt hierbei meist geschlossen, der Unterkiefer hängt nach unten. Häufig kann der Hund dazu mit den Zähnen klappern. Es ist allerdings auch möglich, dass er mit geöffnetem Maul hechelt. Auch gähnen Hunde bei Unsicherheit häufiger.

Der Hovawart-Welpe ist total verunsichert. Dies zeigt er durch seine eingeklemmte Rute, den runden Rücken und die nach hinten gezogene Stirnhaut.

Angst

Steigert sich die Unsicherheit kann der Hund mit seinem Kopf abwehrende Bewegungen machen. Der Kopf pendelt zurückweichend nach links und rechts, um zu symbolisieren, dass der Hund keine Konfrontation möchte. Trotzdem behält er aus den Augenwinkeln die potenzielle Gefahr im Auge. Die Lefzen werden stärker nach hinten gezogen. Stirn und Nasenrücken sind glattgezogen. Auch die Ohren werden nach hinten gerichtet und liegen am Kopf an. Hierdurch werden die Augen schlitzartig verengt. Die Fluchtbereitschaft steigert sich. Solange die Möglichkeit der Flucht gegeben ist, wird der ängstliche Hund die Konfrontation mit der Bedrohung meiden. Gibt es keine Möglichkeit, sich der Situation zu entziehen, wird er genötigt, seinen Leib zu verteidigen. Als Vorstufe einer aggressiven Auseinandersetzung zeigt der Hund defensives Drohverhalten.

Defensives Drohen

Der Hund macht sich noch kleiner, die Rute wird an den Bauch gezogen, und dazu können die Rückenhaare noch gesträubt sein. Beim Defensivdrohen sind die Kiefer weiter auseinander, und man sieht das ganze Gebiss. Die Zunge kann dabei raus- und reinbewegt werden, wobei die Kiefer aufeinander klappen können. Die Geräusche, die hierbei produziert werden, variieren – vom gedämpften hohen Knurren über knurrendes hohes Bellen bis zum Schmerzschrei oder Fiepen. Auch kann der Hund pinkeln, ja sogar koten vor Angst (Vorbereitung auf die Flucht).

Angst-Aggression

Wenn das Drohen nicht dazu führt, dass die Bedrohung abnimmt, kann dies Attacken auslösen (Angst-Aggression). Der Hund stößt schnappend nach vorne und zieht sich sofort wieder zurück, unter Umständen mehrmals nacheinander. Immer sind solche Attacken auf Kopf und Nackenbereich des Gegners gerichtet. Menschen werden, bedingt durch den Größenunterschied, häufiger im Bauch-, Arm- oder Schulterbereich attackiert. Hunde, die mehrfach die Erfahrung gemacht haben, dass durch die Attacken die Bedrohung abnimmt, können in ähnlichen Situationen immer schneller Angst-Aggression in Form von Attacken zeigen und dabei sogar verschiedene Vorstufen, die oben beschrieben wurden, überspringen („Angriff ist die beste Verteidigung“).

Defensives Drohen: Der rechte Dingo-Rüde ist überfordert mit der Situation. Die Bewegung des sich links nähernden Dingos registriert er ausschließlich durch das Ohr. Der Konkurrent an der anderen Seite (im Bild nicht zu sehen) wird durch Fixieren und züngelndes In-die-Luft-Schnappen bedroht.

1–2) Häufig wird Submissivität mit Unsicherheit oder Angst verwechselt. Bei Unsicherheit und Angst hingegen, versucht man eher auf Distanz zu bleiben. Der wolfsgraue Saarloos zeigt aber hier Annäherung.

3) Auf Bild 3 sieht man soziale Hemmung. Die Pfote wird etwas übertrieben hochgehoben. Diese Geste stammt aus dem Futterbettelverhalten von Welpen und wird hier respektvoll auf Distanz gezeigt.

4) Beide Hunde zeigen Fluchtverhalten, nachdem sie sich erschrocken haben.

Der „Schwumm-Schwumm-Galopp"...

Gangarten und ihre kommunikative Bedeutung

Nun komme ich zum etwas „flotteren" Teil des Themas „optische Kommunikation", nämlich zu den Gangarten und ihrer kommunikativen Bedeutung.

Trab

Wenn das normale Gehen (Schritt) sich schlagartig in einen Trab mit starker Abfederung der Gelenke ändert und dabei die Rute hochgenommen wird, die Ohren nach vorne gerichtet sind und in einer schnurgeraden Linie zu einem anderen Artgenossen getrabt wird, kann dies eine territoriale Bedeutung haben: „Wer bist du und was tust du hier?" Wenn das Verhalten gegenüber Rudelmitgliedern gezeigt wird, kann es bei erhobener, stillgehaltener Rute eher Ausdruck einer bevorstehenden Korrektur sein. Sofern dazu ausgiebig mit der Rute gewedelt wird, kann es bedeuten: „Jetzt spielen wir, ob du willst oder nicht."

Galopp

Bei der schnellsten Gangart des Hundes unterscheide ich zwischen vier Formen:

- Jagdgalopp,
- Fluchtgalopp,
- Buckelrennen,
- Imponiergalopp.

... *Bei diesem Galopp wirkt die ganze Wirbelsäule im Schub mit.*

Jagdgalopp Diesen bezeichne ich als den „Schwumm-Schwumm-Galopp". Dabei werden die Vorderbeine nach vorne gestreckt und der Körper bekommt durch die Hinterhand Vorwärtsschub. Die ganze Wirbelsäule wirkt mit, um den Vorwärtsschub zu verstärken. Der Kopf wird in fast gerader Linie mit dem Rücken nach vorne und die Rute waagerecht nach hinten gehalten (Ruderfunktion). In der Kommunikation zwischen Hunden wird diese Form des Galoppierens bei Jagdspielen eingesetzt (z. B. „Folgelaufen" nach Erik Zimen). Auch beim Vertreiben von Eindringlingen aus dem Territorium wird diese Form des Galoppierens gezeigt.

Fluchtgalopp So kommen wir automatisch zu einer Variante dieses Galopps, nämlich zum Fluchtgalopp. Auch hierbei sorgt die ganze Wirbelsäule für extrem viel Schub, der Kopf wird allerdings tiefer gehalten, die Beine sind etwas eingeknickt und die Rute eingeklemmt (Angst). Somit verkleinert der flüchtende Hund seine Körperoberfläche und damit auch seine Angriffsfläche.

Buckelrennen Der Fluchtgalopp ist auch innerhalb des Jagd- und Territorialspiels bekannt. Man nennt ihn dann „Buckelrennen" (nach Erik Zimen). Beim Spiel ist dieser Galopp jedoch nicht als Angst einzustufen, da normalerweise das „Opfer" die Initiative beim Spiel hat. Beim Buckelrennen hüpft und springt der von den anderen Hunden „Gejagte" häufig wie ein flüchtendes Reh in Zick-Zack-Form.

Der „Tscheplok-Tscheplok-Galopp". Hierbei bleibt der Rücken eher stramm und gerade.

Imponiergalopp Diesen bezeichne ich als „Tscheplok-Tscheplok-Galopp". Beim Imponiergalopp wird im Gegensatz zum Jagdgalopp der Rücken stramm und gerade gehalten und wirkt eher wie eine Wippe. Es ist ein Galopp mit weniger Vorwärtsschub. Kopf und Rute werden hoch gehalten. Dieser Galopp in Richtung eines Sozialpartners wird als Imponiergeste gezeigt. So wird er eingesetzt, wenn einer der Rangniedrigen sich zu viel Bewegungsfreiheit herausnimmt, wobei Letzterer sich als Reaktion auf diese Geste meistens gehemmter benimmt oder sogar seine Bewegung stoppt. Ich beobachte diesen Imponiergalopp sehr oft, wenn ich mit einem Kunden und seinem Hund einen Wechselspaziergang mache. Da im Gegensatz zum „Schwum-Schwum-Galopp" der „Tscheplok-Tscheplok-Galopp" sehr gut hörbar ist (akustische Kommunikation), können wir deutlich vernehmen, wie der Hund von hinten auf uns zugaloppiert. Wenn wir dann stehen bleiben, bleibt es meist bei dieser Geste des Hundes. Sofern wir allerdings weitergehen oder uns sogar vom Hund wegdrehen, kommen andere Gesten hinzu: anrempeln, anstupsen, anspringen, anbellen und sich quer vor die Menschen stellen.
Eine kleine Variante von dieser Form des Galoppierens wird beim Verbellen eines territorialen Eindringlings gezeigt. Allerdings ist dieses Galoppieren eher als eine Serie kleiner Sprünge zu sehen (abgekürzter Galopp). Außerdem wird diese letzte Form beim Anbellen größerer Beutetiere gezeigt, mit dem Ziel, die Hetzjagd auszulösen. Dies dient eher als Mitteilung für das Beutetier und hat weniger kommunikative Bedeutung für die Sozialpartner.

Kriechen

Die flach auf dem Boden „tigernde" Vorwärtsbewegung in Richtung eines Sozialpartners kann man als eine sehr unterwürfige und deshalb gehemmte Annäherung deuten. Rückwärtskriechen sieht man als Meideverhalten oder wenn das Tier etwas Essbares in Sicherheit bringen will. Es behält dabei die Bedrohung oder seinen Konkurrenten im Auge.

Anschleichen
Große Teile der Kommunikation unter Hunden stammen aus dem jagdlichen Bereich, so auch das Anschleichen an einen Sozialpartner, das dem Anschleichen an eine mögliche Beute gleicht. Unter Rudelgenossen bedeutet dies eine Aufforderung zum Spiel und somit das Üben einer jagdlichen oder territorialen Verhaltenssequenz. Mit stark eingeknickten Beinen geht der Hund wie in Zeitlupe auf sein Gegenüber zu. Dabei ist er höchst konzentriert. Der Kopf wird etwas tiefer nach vorne gehalten und die Augen fixieren die „Beute". Auch seine Ohren sind daher nach vorne gerichtet. Die Zeitlupenbewegung kann sich ganz allmählich oder auch plötzlich beschleunigen. Andererseits gibt es auch eine plötzliche Zurückhaltung in der Bewegung, wobei das Anschleichen fast zum „Ankriechen" wird.

„Chow-Chi"
Ich selbst setze das Anschleichen ein, wenn ich mit meinen Hunden auf eine Ersatzbeute „jage" und bemerke, wie sehr dadurch die Konzentration meiner Hunde auf mich und die gemeinsame Aktivität gesteigert wird. Es ist also nicht nur eine Spielaufforderung von Hund zu Hund, sondern spielt auch bei der gemeinsamen Jagd eine wichtige Rolle, indem es die Intensität der Aktivität und somit die positive Spannung untereinander ungemein verstärkt. Die Hunde konzentrieren sich hundertprozentig. Ich nenne dies „Chow-Chi" – „Chow" von Essen und „Chi" von Lebensenergie, eine Abwandlung von „Tai-Chi".

Anschleichen mit Bewegungsabläufen wie in Zeitlupe.

Territoriales Anschleichen Das Anschleichen an Rudelfremde sieht genauso aus wie das Anschleichen an Beute oder Rudelgenossen, doch ist dabei deutlich eine negative Spannung zu spüren. Für den Hund, dem das Verhalten gilt, bedeutet das nichts Gutes. Der Anschleichende drückt hiermit aus: „Verzieh dich, ansonsten verjage ich dich." Zum Glück sind viele Hunde nicht mehr sehr stark territorial veranlagt, sodass die potenziellen Attacken meist nicht in Ernstform gezeigt werden. Wir Menschen werten das oft als „Spiel" und sagen: „Mein Hund möchte zu jedem anderen Hund hin." Wenn der Hund sich dann auf oben beschriebene Weise nähert, wird versichert: „Er tut nichts, er möchte nur spielen." Weit gefehlt! Er möchte, abgesehen von ihm bekannten Hunden, eigentlich überhaupt keinem anderen Hund begegnen. Weil unser Hund es nicht zu einem ernsthaften Kampf kommen lässt, nehmen wir Menschen seine Absicht nicht mehr ernst.

Beispiel

Stellen Sie sich vor, Ernst und Hilde Hausmann haben Gäste und einer dieser Gäste (anscheinend mit schwachem Territorialinstinkt) nimmt ein antikes Buch aus Ernsts Bücherregal und fängt an, unachtsam darin zu blättern. Ernst denkt: Lass das gefälligst sein!, steht aber langsam auf, geht beherrscht auf den Gast zu und sagt: „Ich sehe das nicht so gern, da das noch ein Buch von meinem Urgroßvater ist." Hilde meint daraufhin zu dem Gast: „Ach, du brauchst Ernst nicht so ernst zu nehmen, blättere ruhig weiter, er hat nur Spaß gemacht." Selbst in seinem eigenen Haus werden Ernst Hausmanns territoriale Rechte missachtet. Sogar seine Sozialpartnerin Hilde nimmt ihn nicht ernst. Muss er denn wirklich mit dem Säbel seines Urgroßvaters drohen, bevor man ihn respektiert? So weit wird Ernst wohl nicht gehen. Trotzdem fühlt er sich beschissen – also noch schlimmer als angepinkelt.

Was ich hiermit sagen möchte, ist, dass wir Hunde ernst nehmen sollen, auch wenn sie bestimmte Verhaltensformen in gehemmter oder infantilisierter Form zeigen. Denn genau das wird Tiefgang in die Kommunikation zwischen uns und unseren Hunden bringen.

Es würde den Rahmen des Buches sprengen, alle Bewegungen innerhalb der Kommunikation von Hunden zu erfassen. Daher möchte ich hier nur noch einige Bewegungsabläufe erwähnen:

Bewegungseingrenzung. Der andere wird eingekreist.

Einkreisen

Der Begriff als solcher macht schon klar, wie sich dieses Verhalten auf den Betroffenen auswirkt. Ein Individuum kreist ein anderes Individuum in seiner Bewegungsfreiheit ein. Das kann in spielerischen Situationen gezeigt werden, wobei dem Eingekreisten für eine kurze Weile vermittelt wird, dass seine Freiräume vom Einverständnis des anderen abhängig sind. Vor allem wird dieses Verhalten gezeigt, wenn derjenige, der eingekreist wird, sich zuvor selbst zu viele Freiheiten im Spiel erlaubt hat. Auch diese Verhaltensform hat ihren Ursprung in jagdlichen Aktivitäten, nämlich im Stellen der Beute. Die Aktion endet meistens mit einem „In-die-Quere-Kommen" (bekannt als T-Stellung)

Begrüßungsvergleich zwischen Hunden und Menschen untereinander. Beide vermeiden hier frontale Körperpositionen.

oder mit einer frontalen Gegenüberstellung. Innerhalb einer sozialen Gruppe kann der frontalen Position durchaus eine Spielaufforderungsgeste folgen.
Das Einkreisen wird allerdings auch in mehr oder weniger ernsthaften territorialen Drohsituationen eingesetzt. Wir Menschen kennen das ebenfalls. So bin ich während meiner Schulzeit einmal auf bedrohliche Weise von vier bis fünf anderen Jungs eingekreist worden. Auch das war Territorialverhalten, weil ich als Fremder (Stadtjunge) neu in eine Dorfschule gekommen war. Je kleiner der Kreis um das andere Individuum gezogen wird, desto offensiver ist das Verhalten gemeint. Auch bei Menschen wird das Einkreisen mit dem Einnehmen einer frontalen Position beendet, kombiniert mit intensivstem Augenkontakt. Wir wissen alle, woher das Wort „frontal" kommt, nämlich von „Fronten", also von Auseinandersetzung, ja sogar Krieg. Anscheinend mussten die Fronten wohl geklärt werden.
Bei Haushunden kann es einen graduellen Übergang vom territorialen Einkreisen zur sozialen Spielaufforderung in der gleichen Situation geben.

Beispiel:
„Alexander", ein großer Schweizer Sennenhund, und „Indira", eine Tibetdogge, treffen im Gelände aufeinander. Auf durchgestreckten Beinen, mit hoch erhobener Rute und aufgestelltem Kamm dreht Alexander mit erhobenem Kopf und nach vorne gerichteten Ohren fixierend seine Kreise um Indira. Mit leicht eingeknickten Hinterläufen, die Rute waagerecht gehalten, die Ohren leicht zurückliegend und den Blickkontakt meidend, verharrt Indira auf der Stelle. Mit langsamen, bedrohlich wirkenden Schritten rückt Alexander während des Einkreisens näher an Indira heran. Er hält an, sobald er Indira frontal gegenübersteht. Die Rute bewegt sich leicht angespannt etwas hin und her. Jetzt streckt er seinen Kopf nach vorne und schnuppert am Fang von Indira, die noch immer den Blickkontakt meidet. Auf einmal nimmt Alexander seine Ohren noch weiter nach vorne, sein Kamm verschwindet, er wedelt jetzt extrem, senkt die Vorderpfoten und macht Pendelbewegungen mit dem Kopf, während er mit einem hohen, durchdringenden Bellen Indira zum Spielen auffordert.

Erklärung

Das anfangs stark territoriale Einkreisen durch Alexander mündet nicht in eine frontale Auseinandersetzung, weil Indira den frontalen Blickkontakt vermeidet. Auf diese Weise vermittelt sie, dass sie keine Fronten (keinen Streit) möchte, sondern Alexanders Territorialansprüche respektiert. Seine Spielaufforderung hat schließlich das Ziel, die Rollen der Sozialpartner untereinander im Spiel zu klären. Wer agiert und wer reagiert? In diesem Fall wurde Indira nicht nur als mögliche Sozialpartnerin, sondern wahrscheinlich auch als Sexualpartnerin von Alexander akzeptiert. Sein Verhalten lässt sich auf das Beispiel von dem fremden Mann auf Ihrer Couch übertragen: Als ich einen Kunden fragte, wie er wohl reagieren würde, wenn er nach der Arbeit nach Hause käme und eine fremde Person auf seiner Couch liegen würde, lautete die spontane Antwort: „Das kommt darauf an, ob es ein Mann oder eine Frau ist." Ich schätze, Alexander hat genauso gedacht.

Wedeln mit der Rute – optischer Reiz

In dem Beispiel von Alexander und Indira haben wir schon vier unterschiedliche Körpersignale der Rute aufgeführt:

- hoch gehaltene, starre Rute,
- waagerecht, ohne Bewegung gehaltene Rute,
- hoch gehaltene, angespannt langsam wedelnde Rute und
- hoch erhobene, extrem weit ausholende, schnell wedelnde Rute.

Das Wedeln mit der Rute ist nicht nur ein olfaktorischer, sondern auch ein klarer optischer Reiz für den anderen.

Gern möchte ich hier noch mal auf die Beschreibung des Wedelns bei der olfaktorischen Kommunikation verweisen, da die Kommunikation mit der Rute beispielhaft für die Kombination von olfaktorischen und optischen Reizen ist.
Das Wedeln mit hoch erhobener Rute (optischer Reiz) drückt soziale Sicherheit aus. Man kann beobachten, dass innerhalb der eigenen sozialen Gruppe extremer, weiter ausholend gewedelt wird als im Fall von territorialem Drohverhalten. Bei Letzterem wird das Wedeln zwar in einer höheren Frequenz, aber weniger ausholend gezeigt. Mit erhobener Rute in der eigenen sozialen Gruppe zu wedeln, zeigt einen hohen hierarchischen Status. Je niedriger die Rute während des Wedelns gehalten wird, desto mehr drückt der Hund seine Unterordnung (Submissivität) aus. Eine niedrig getragene Rute kann aber auch Unsicherheit bedeuten. Bei Angst wird die Rute sogar unter den Bauch gezogen.

Markieren als optische Kommunikation

Markieren ist in der Regel zwar ein eindeutig olfaktorischer Reiz, kann jedoch gleichzeitig ein optisches Signal für Sozialpartner oder Rudelfremde sein. Noch deutlicher wird das, wenn nur Markiergesten gemacht werden, ohne dass wirklich uriniert wird. Innerhalb der sozialen Gruppe ist das Markierverhalten als Provokation oder als souveränes Dominanzsignal zu verstehen. Gegenüber Rudelfremden wird auf diese Weise der Besitzanspruch auf das Revier betont, in der Hoffnung, einem möglichen territorialen Streit vorbeugen zu können. Markieren als optischer Reiz wird meistens durch Pinkeln und Scharren, seltener durch Koten gezeigt.

Beispiel
Der fünf Jahre alte Boxer „Mark" ist mit Herrn Wächter unterwegs. Da Herrchen gern möchte, dass Mark sich nicht weiter als zwanzig Meter von ihm entfernt, ruft er den Hund regelmäßig zu sich. Meistens kommt Mark auch direkt zurück. Er hat über die Jahre schon längst erfahren, dass er der eigentliche Wächter von beiden ist. Er markiert das Terrain und schaut kontrollierend herum, um Herrchen und sich selbst abzusichern. Nun kommt „Jack", der Russell Terrier, den beiden auf dem Spazierweg entgegen. Mark hebt seinen Kopf hoch. Da er leider keine Rute mehr hat, muss er sich Jack auf andere Weise optisch und olfaktorisch zu erkennen geben. Er trabt mit durchgestreckten Beinen in Richtung einer sehr markanten Stelle des Pfades, zu einer großen Eiche. Dort hebt er seine Hinterpfote, so hoch er kann, pinkelt und schaut dabei Jack direkt in die Augen. Danach wirbelt er mit den Hinterpfoten allerhand Erde in Jacks Richtung. Herr Wächter entdeckt Jack erst jetzt und wird sofort hellwach. Er ruft Mark zu sich, da er Sorge um den kleinen anderen Hund hat. Statt auf direktem Weg zurückzukommen, guckt Mark Herrchen an, läuft zu einer anderen markanten Stelle, einem kleinen Erdhügel, und hebt dort sein Bein, während er Herrchen direkt anschaut. Pinkeln tut er allerdings nicht dabei. Weil Jack Mark völlig ignoriert und Marks Markierstellen meidet, sieht Mark ihn nicht als wirkliche Konkurrenz und geht daher langsam zu Herrchen zurück. Hierbei hat er Herrn Wächter vermittelt: „Logisch komme ich zu dir zurück, aber ich hatte gerade etwas Wichtigeres zu tun und dann entscheide ich, wann ich zu dir komme." Als Mark wieder bei Herrchen ist, klopft der Marks Brust, lobt ihn und sagt: „Du bist mir vielleicht eine Marke."
Das ist ein typisches Beispiel. Herr Wächter hätte mir im Vorgespräch, das ich mit all meinen Kunden führe, vielleicht Folgendes erzählt: „Mein Hund hört eigentlich immer, außer wenn ein anderer Hund, eine Katze, ein Reh oder Kaninchen, ein Jogger, ein Inlineskater, ein Fahrradfahrer, ein Gehbehinderter, ein Moped, ein Auto oder spielende Kinder vorbeikommen."

Der braune Saarloos markiert kaum zu übersehen quer vor dem anderen. Ein klares optisches Signal.

Um auf das Markieren als optischer Reiz zurückzukommen: Wir Menschen sind darin Experten auf höchstem Niveau, wie man an der Berliner Mauer sehen kann. Aber schon im engsten Umfeld lässt sich tagtäglich menschliches Markierverhalten beobachten. Denken Sie an die Hecke oder den Zaun um einen Garten herum. Oder an den Urlaub, wenn frühmorgens als Allererstes das Strandlaken auf die Liege gelegt wird. Bei mir im Seminarraum sehe ich z. B., dass bestimmte Menschen einen größeren Teil des Tisches für ihre Sachen beanspruchen als andere Seminarteilnehmer. Auch das Ablegen der eigenen Sachen an bestimmten Stellen ist Markierverhalten. Werden hierbei Grenzen überschritten, wird der andere „übermarkieren". So legt derjenige, der sich in seinem territorialen Besitzanspruch bedroht sieht, z. B. sein Handy auf das Buch des Nebensitzers. Der versteht sofort, zieht sein Buch zurück und legt das Handy vorsichtig wieder auf die gleiche Stelle. Oder ein Grundbesitzer zeigt Respekt vor der territorialen Grenze des Nachbarn, indem er einen Ast von seinem Baum absägt, der über den Zaun des Nachbarn ragt. Würde er dies nicht tun, könnte es in unserer Gesellschaft sogar zu territorialen Streitigkeiten vor Gericht kommen.
Wenn wir uns unseres menschlichen Territorialverhaltens bewusst werden, können wir vielleicht mehr Verständnis für das Verhalten unserer Hunde aufbringen.

Im Spiel wird nicht nur das Apportieren (in Sicherheit bringen von Nahrung) geübt, sondern auch die Qualitäten des anderen werden getestet.

Spiel – „Üben" für den Ernstfall

Wie man das Territorialverhalten nicht oberflächlich betrachten sollte, so ist auch das Spielverhalten des Hundes sehr komplex zu sehen. Im Spiel werden einerseits alle überlebenswichtigen Verhaltensformen eingeübt oder sogar erlernt, andererseits hat es eine direkte kommunikative Komponente und deshalb eine wichtige Funktion in der Sozialstruktur in einer Gruppe. (Was für ein Spiel treibt wer auf welche Weise mit wem?) Zudem sorgt diese sozial-kommunikative Komponente dafür, dass sich die Zusammenarbeit der Sozialpartner besser entwickeln kann, da sich außer im Ernstfall nirgends eine ähnlich gute Möglichkeit bietet, die Qualitäten des anderen richtig einzuschätzen, wie im

Im Gegensatz zum Spiel wird hier ein Hund aus dem eigenen Revier vertrieben.

Spiel. Dabei laufen unterschiedlichste Verhaltenssequenzen aus dem Jagd-, Territorial-, Sexual- und Sozialbereich willkürlich durcheinander und können im Gegensatz zu ernst gemeinten Formen der gleichen Handlungen beliebig oft wiederholt werden. Das macht schon klar, dass Spiel eine Übungssituation ist. Scheinbar führt Spiel nicht zu einem direkten Resultat. Aus einem Sexualspiel entsteht kein Nachwuchs. Bei Jagdspielen wird keine richtige Beute gemacht, sondern nur „Ersatzbeute". Beim territorialen Fluchtspiel wird keiner aus dem Revier gescheucht. Bei territorialen Rangeleispielen gibt es keinen Ernstkampf und bei sozialen Beißspielen fließt kein Blut. Allerdings ist das Spiel die Möglichkeit schlechthin, um schon im Vorfeld ernste Situationen zu klären oder die Sozialstruktur zu bestätigen. Sofern die Rangordnung eindeutig ist, können die Rollen spielerisch getauscht werden, wobei die Rangordnung in keiner Weise in Frage gestellt wird. Im Spiel dürfen sich Juvenile in Dominanz und führenden Rollen üben, da die erwachsenen Tiere nicht ewig da sein werden und das Rudel weiter geführt werden muss. Die Früchte des Spiels sind wichtige Fertigkeiten und soziale Organisation.
Um zu veranschaulichen, wie durch das Spiel die Sozialstruktur geklärt wird, beschreibe ich hier die – vielen von Ihnen sicherlich bekannte – Situation zweier spielender Hunde.

Beispiel
Labrador-Retriever-Rüde „Aaron" spielt mit dem Golden-Retriever-Rüden „Moses" auf einer Wiese. Aaron nimmt einen langen Grashalm in seinen Fang und schaut dabei Moses an. Dann läuft Aaron wie von der Tarantel gestochen im Zickzack über die Wiese, von Moses verfolgt. Plötzlich dreht er sich mit Schwung zu Moses um und lässt sich auf die Erde fallen. Er knabbert auf dem Grashalm herum und schaut Moses direkt in die Augen, bevor er den Grashalm zwischen seinen Vorderpfoten ablegt. Moses steht auf zwei drei Meter Entfernung mit eingeknickten Vorderbeinen, Po nach oben, wedelt und bellt (Spielaufforderungsgeste). Aaron macht eine stoßende Bewegung mit dem Kopf und schnappt dabei in Moses' Richtung in die Luft. Nach einer Weile legt sich Moses in größerer Distanz ab. Darauf lässt Aaron den Grashalm liegen und trabt an Moses vorbei, der sofort aufsteht und ihm folgt.

Erklärung

Welches Spiel spielt hier wer mit wem auf welche Weise? Was könnte das Ziel sein? Aaron initiiert das Spiel (Initialspiel), Moses reagiert auf diese Initiative. Das ist der erste Schritt zur Klärung der Rangordnung zwischen beiden. Wer agiert und wer reagiert? Aaron zeigt durch das Aufnehmen des Grashalms Beutebesitzverhalten. Der Grashalm steht symbolisch für Futterressourcen. Aaron macht sich mit der Beute davon und spielt „Naa-naa-na-na-naa, fang mich doch, wenn du kannst." Hierbei bewegt er sich wie ein Beutetier auf der Flucht (Jagdspiel), allerdings galoppiert er mit strammem Rücken und wedelt mit erhobener Rute (Imponiergalopp). Dann möchte er es wissen. Er legt es auf eine Konfrontation an und nimmt hierzu plötzlich eine frontale Position gegenüber Moses ein. So kann er ihn durch direkten Augenkontakt beeindrucken. Das Ablegen des Grashalms, nachdem er provokant darauf herumgeknabbert hat (Essverhalten), drückt so viel aus wie: „Versuch mal, ihn zu nehmen, das traust du dich nämlich nicht." Jetzt kommen wir zum möglichen Ziel Aarons: Es ist besser, die Zuständigkeit für die Verteilung von möglicher echter Beute im Vorfeld durch ein Spiel zu klären. Mit einem Gegenstand, der nicht ernst zu nehmen ist, beugt man auf diese Weise Ernstkämpfen vor, die entstehen könnten, wenn es später um richtige Beute geht. Spiel ist also das Üben für den Ernstfall.

Der Golden Retriever gibt den Zweig nicht aus der „Hand".

Im Spiel werden die Gesten sehr übertrieben und häufig gezeigt (hypertrophisch). Die übertriebenen Gesten machen den Sozialpartnern eindeutig klar, dass es sich um Spiel handelt. So wird im Spiel mit weit geöffnetem Maul „gebalgt" – Beißhemmung wird vor allem im Spiel entwickelt.
Ich möchte Ihnen noch einige typische Spielformen und Bewegungen beschreiben. Bestimmt können Sie nachvollziehen, dass es den Rahmen dieses Buches sprengen würde, hier alle aufzuzählen.

Spielaufforderungsgeste

Die Vorderbeine stehen gespreizt auf der Erde, der Oberkörper ist also gesenkt, der Po hochgestellt, ebenso die Rute, die dabei wedelt. Der Kopf wird meistens etwas schräg gehalten, wobei er während eventuellem Bellen nach vorne gestoßen werden kann. Auch ist beim Bellen eine Schleuderbewegung des Kopfes möglich.

Spiellaufen

Nach der oben beschriebenen Spielaufforderungsgeste könnte die nächste Phase das „Jagdlaufen" sein, das auf unterschiedlichste Weise gezeigt werden kann: einmal in Form eines Imponiergalopps (bereits oben als „Tscheplok-Tscheplok-Galopp" beschrieben), ein anderes Mal als Fluchtgalopp, wobei der Rücken gekrümmt, der Körper etwas geduckt, die Rute eingezogen und die Ohren zurückgelegt sind. Hierbei läuft der Hund meistens im Zickzack. Der Imponiergalopp kann allerdings auch in frontaler Richtung auf einen Spielgefährten zu gezeigt werden, wobei auf den letzten Metern beide Vorderpfoten gleichzeitig auf die Erde springen (auf Abstand anspringen). Danach wird meistens die beschriebene Spielaufforderungsgeste gezeigt.

Spielaufforderung. Die gezeigten Gesten sind hierbei meist übertrieben (hypertrophisch) und können schnell wechseln.

Spielerische Attacke

Die spielerische Attacke beginnt aus einer Lauerhaltung heraus. Aus dieser Position schleicht sich der Hund an den anderen heran. Danach wird der andere durch einen „Tscheplok-Tscheplok-Galopp" mit bereits beschriebenen Anspringgesten aufgescheucht und dann im Renngalopp („Schwum-Schwum-Galopp") verfolgt.

Spielerisches Hinwerfen

Der Hund wirft sich mit viel Schwung vor dem anderen auf den Rücken. Das kann sowohl die Vorstufe eines Jagdspiels als auch der Beginn eines Beißspiels sein. Somit kommen wir zur taktilen Komponente des Spiels, das ich deshalb auch als Erstes im nächsten Teil beschreiben werde.

Taktile Kommunikation

Auch Körperkontakt hat immer eine kommunikative Bedeutung. Er stärkt die Beziehung und gibt ein Gefühl von Vertrautheit und Zusammengehörigkeit. Deshalb ist Körperkontakt mit dem eigenen Familienhund extrem wichtig. Bei Menschen oder Tieren, die nicht in Beziehung miteinander stehen, ist Körperkontakt meist eher etwas Bedrohliches. Wie bereits erwähnt, findet es nicht jeder Hund toll, von wildfremden Menschen ungefragt gestreichelt zu werden. Bei uns Menschen ist das doch genauso. Ich finde es immer wieder merkwürdig, dass Menschen fremde Personen nicht ohne weiteres anfassen, die gleichen Menschen es aber als selbstverständlich ansehen, dass jeder Hund gern von Fremden gestreichelt wird. Ja, sie empfinden es sogar als unfreundlich, boshaft, verhaltensauffällig oder unerzogen, wenn der Hund darauf aggressiv reagiert. („Du willst mich doch wohl nicht beißen!") Der Hund soll letztlich Respekt vor dem Körper des Menschen haben, doch andersherum gilt das nicht. Selbstverständlich gibt es viele Hunde, die es genießen, von Fremden gestreichelt zu werden, da sie diese überhaupt nicht als Bedrohung ansehen. Spielerisch laufen sie auf die Menschen zu und suchen Körperkontakt, ja, drängen sich regelrecht auf. Solche Hunde haben aber auch kaum Respekt vor unserer menschlichen Intimsphäre. Am häufigsten werden Menschen „belästigt", die gar keinen Kontakt mit Hunden wünschen (weiße Hose o. Ä.) oder vielleicht Angst vor Hunden haben. Obwohl die Hose nachher dreckig ist und der Mensch womöglich traumatisiert, hört man von weitem den Ruf: „Keine Angst, er tut nichts! Er möchte nur spielen."

So sollte man einen Hund nur streicheln, wenn eine wirklich vertrauensvolle Beziehung besteht.

Zu dem Thema habe ich mal eine „nette" Karikatur von jemandem bekommen: Ein Mann ist bei seinem Freund zu Besuch im Wohnzimmer und sitzt dort auf der Couch. Mit angsterfüllten Augen schaut er zum Hund seines Freundes hinab. Der Hund spielt Schach auf dem Teppich, der das Muster eines Schachbretts hat. Die Schachfiguren bestehen allerdings aus den Beinstümpfen des Besuchers. Unter der Karikatur steht der Spruch des entspannt im Sessel zurückgelehnten Hundebesitzers: „Keine Angst, er spielt doch nur." Ich weiß, das ist etwas überzogen, aber wie gesagt, es ist halt eine Karikatur.
Diese Karikatur war von mir natürlich auch nur spielerisch gemeint, obwohl Sie mittlerweile wissen, dass Spiel die Probe für den Ernstfall ist. Da wir nun schon beim Thema sind, möchte ich Ihnen einige Bei-Spiele für „Beiß-Spiele" nennen. Beißspiele können aus unterschiedlichsten Funktionskreisen heraus gezeigt werden. So gibt es territoriale, jagdliche und sexuelle Beißspiele, die ich hier beschreiben werde.

Territorialspiel

Bei territorialen Beißspielen stehen sich die Hunde meist frontal gegenüber oder nur auf den Hinterbeinen, Brust an Brust, wie zwei Kämpfer. Dabei wird im Nacken-, Backen- oder Brustbereich des anderen mit starker Beißhemmung „gebissen". Beißhemmung bedeutet, dass der Biss nur angedeutet wird und die Kiefer nicht geschlossen werden.
Taktiler Kontakt findet auch bei einer anderen Form des territorialen Spiels

Links: Die Grenzen zwischen Spiel und Ernst können bei territorialen Kampfspielen schnell überschritten werden.

Rechts: Das gleiche gilt auch bei territorialen Rangeleispielen zwischen Mensch und Hund.

statt, nämlich beim „Verscheuchen“ eines gespielten Eindringlings. Hierbei wird im Po- oder Rückenbereich „gebissen“. Dieses Beißen ist allerdings eher ein Stoßen, weil erst zugeschnappt wird, wenn die Nase Kontakt mit dem Körper des anderen hat, wodurch die Zähne die Haut gar nicht berühren. Auch eine Form der Beißhemmung. Allerdings kann auf diese Weise noch am Fell des Mitspielers gezupft werden, um ihn aus dem Gleichgewicht zu bringen. Bei solchen Spielen kann man oft auch ein kräftiges Anrempeln beobachten – das Ziel ist dasselbe.

Was vermittelt man dem Hund, wenn man als Mensch häufiger territoriale Rangeleispiele mit ihm spielt? Da Sie mittlerweile wissen, dass Spiel das Üben für den Ernstfall ist, müssen Sie sich bewusst machen, was Sie sich durch solche Spiele womöglich einhandeln. Vor allem Männer lieben territoriale Rangeleispiele mit ihrem Hund – meist ohne sich klar zu machen, dass Sie damit womöglich ihrer eigenen Frau Probleme mit dem Hund bescheren. Und seien Sie mal ehrlich: Würden Sie einen Hund haben wollen, der in seinem Territorialverhalten immer stärker auftrumpft, bzw. würden Sie auch die Konsequenzen daraus tragen wollen?

Jagdspiel

Sehr viele territoriale Verhaltensformen stammen aus dem jagdlichen Bereich, z. B. das Anschleichen und spielerische Attackieren. Das Anschleichen und Stellen der Beute ist ein Jagdspiel, das viele Ähnlichkeiten mit der bereits erwähnten territorialen Attacke aufweist. Einzige Unterschiede dabei sind, dass außer dem Po- und Rückenbereich dabei auch Hinterläufe und sogar Vorderpfoten

1

festgehalten werden, um den anderen stolpern zu lassen. Auch ist es in Jagdspielen möglich, mit Stoßbewegungen des Fangs – wobei geschnappt und gleichzeitig gebellt werden kann – in Frontalstellung eine Hetzjagd anzuregen. Der weitere Ablauf der Verfolgung sieht ähnlich aus wie gerade oben beschrieben.

„Nackenschütteln“ ist eine Verhaltensform, die man fast nur noch unter jungen Welpen beobachten kann und die dem Totschütteln der Beute dient. Totschüttelbewegungen sieht man auch später im Spiel nur andeutungsweise, weil – wie der Begriff schon klar macht – es sich dabei um Tötungsverhalten handelt und somit das Spiel eine zu ernste Form annehmen würde. Im jagdlichen oder territorialen Ernstfall wird nämlich fest zugebissen und kräftig geschüttelt. Der gravierendste Unterschied zwischen Jagdspielen und Territorialspielen besteht darin, dass zum Territorialspiel mehr (gespielte) Aggression gehört, was man in Form von übertriebenem Knurren, Warnbellen usw. deutlich zu hören bekommt. Jagdliche Rangeleispiele gibt es nicht. Vielmehr besteht das Jagdspiel aus dem Stellen, Festhalten und Flachlegen der „Beute“.

Sexualspiel

Die erste Spielgeste aus diesem Bereich ist das „Pfote-Auflegen“. Dabei wird die Pfote auf den Rücken des anderen gelegt. Allerdings wird die Geste auch auf Abstand gezeigt. Das Aufreiten ist die eindeutigste Form dieses Spiels. Es schränkt den anderen am stärksten in seiner Bewegungsfreiheit ein und hat somit eine klare soziale Bedeutung. In Welpenspielgruppen sollte man deshalb darauf achten, hier rechtzeitig Einfluss auf das Spiel zu nehmen.

Sozialspiel

Alle bereits aufgeführten Spiele haben eine soziale Bedeutung. Die sozialen Rangeleispiele, bei denen dominantes und submissives Verhalten geübt wird, haben einerseits das Ziel, Sozialverhalten zu lernen, andererseits wird durch solche Spiele die Sozialstruktur in der Gruppe gefestigt. Spielerisch werden Rangordnungskämpfe nachgeahmt oder geübt. Trotz der Tatsache, dass hierbei in einem gefestigten Rudel die Rollen ohne Konsequenzen für die Sozialstruktur getauscht werden können, sieht man vor allem am Anfang und Ende des Spiels, wer dabei die bestimmendste Rolle hat.

1–3) Jagdspiel. Der wolfsgraue Saarloos springt wie ein Reh und spielt „lachend“ das Beutetier. Die Scheinbewegungen machen es dem agouti-farbenen Saarloos nicht leicht.

4) Am Ende kann das „Beutetier“ doch gestellt und mittels Anspringen aus dem Gleichgewicht gebracht werden.

5) „Waidmannsheil“ – der Jäger steht mit seinen Vorderpfoten auf der „Beute“.

Sozialspiel. Spielerisch wird klar gemacht „Geh für mich zur Seite."

Ein gravierender Unterschied in der Erziehung von frei lebenden Wildhunden und Haushunden ist die Zielsetzung: Wildtiere müssen selbstständig und erwachsen werden. Haushunde hingegen kommen in unserer Gesellschaft besser mit einer nicht erwachsenen Rolle zurecht. Als erwachsener Hund muss man nämlich sowohl selbstständig Entscheidungen treffen als auch ein Territorium verteidigen, aber vor allem Nachwuchs erziehen können. Sobald Haushunde diese Aufgaben erfüllen, sind Probleme in der Mensch-Hund-Beziehung meist vorprogrammiert.

Wichtig

Das soziale Rangeleispiel mit dem Hund sollte am besten ausschließlich in einer gefestigten Sozialstruktur stattfinden. Dabei sollten alle Erwachsenen der Familie auf ähnliche Weise vorgehen. Wichtig ist es, bei Spielanfang und -ende die Initiative zu haben und einen Rollentausch nur innerhalb des Spiels zu erlauben.

Drängeln

Zwei befreundete Hunde können mehr oder weniger drängelnd nebeneinander herlaufen. Dabei wird meistens mit der Schulter gedrängelt, ab und zu verstärkt durch stoßende Greifbewegungen mit geöffnetem Maul, um den anderen zu bremsen. Ignoriert der das, folgt womöglich noch eine Schleuderbewegung mit der Hüfte gegen seinen Pobereich, um seine Aufmerksamkeit zu erlangen.

Andere Formen der taktilen Kommunikation

Natürlich gibt es noch viel mehr taktile Reize innerhalb der Kommunikation von Hund zu Hund. Einige davon möchte ich Ihnen nicht vorenthalten.

Kopf auflegen

Das ist ein Verhalten, das Sie vielleicht von Ihrem eigenen Hund kennen und das man, wie viele andere Verhaltensformen, sehr differenziert sehen muss. Einerseits kann es ein Ausdruck von Schutzbedürfnis sein – dann ist es mit einer unsicheren Körpergestik verbunden –, andererseits wird es häufig beim Kontaktliegen gezeigt.

Kopf auflegen beim Kontaktliegen.

Kontaktliegen

Kontaktliegen wird durch Ranghöhere nur bei einer klaren Rudelordnung erlaubt. Sowohl beim Kontaktliegen als auch beim Beschützen ist es allerdings in den meisten Fällen eines der ranghöheren erwachsenen Rudelmitglieder, das seinen Kopf auf den Körper eines der anderen legt. Des Weiteren sieht man das Kopfauflegen im Pobereich des anderen, was aus dem Sexualbereich kommt und meist vor dem Aufreiten gezeigt wird. Eine andere Form ist mit Vorsicht zu genießen: Wenn ein Hund seinen Kopf in den Nackenbereich eines Geschlechtsgenossen legt, ist das die letzte Warnung vor einem eventuellen Streit.
Dabei klemmt er den Nacken des anderen zwischen Unterkiefer und Brust ein, manchmal von Knurren begleitet. Würde der andere Hund sich bewegen, wäre ein Streit die logische Konsequenz.

„Lachend“ fordert der Hund durch Pfotgeste ein Leckerchen.

Fordernde Pfotgeste

Diese Geste sieht genauso aus wie bei uns Menschen, wenn wir einen Euro in den Getränkeautomaten geworfen haben und den Knopf drücken. Da erwarten wir eine Coladose, und der Knopfdruck ist das Kommando, das der Automat versteht. Der Hund hebt die Pfote hierbei hoch und macht eine mehr oder weniger ausgeprägte Kratzbewegung nach vorne. Diese Pfotgeste wirkt deshalb viel bestimmender als die bereits beschriebene submissive Pfotgeste (aktive Unterwerfung).

Versorgendes Lecken

Von der Geburt an ist das versorgende Lecken des Muttertieres überlebenswichtig für die Welpen. Das Lecken des ganzen Körpers durch das Muttertier regt die Durchblutung und den Stoffwechsel der Welpen an und gibt ihnen vermutlich nicht nur körperliche Wärme. Durch das Lecken des Anal- und Genitalbereichs der Welpen werden diese veranlasst, sich zu lösen. Das Lecken hat zwei Funktionen: einerseits Hygiene und andererseits Sicherheit. Das Muttertier leckt nämlich Urin und Kot der Welpen auf und sorgt so dafür, dass sich der Geruch der Welpen nicht zu sehr verbreitet. Diese Versorgungshandlungen finden meist direkt nach dem Trinken der Welpen statt. Hierbei werden auch Essensreste im Schnauzenbereich der Welpen entfernt. Aus diesen Formen der Körperpflege entwickeln sich später Verhaltensformen, die zur Festigung von sozialen Beziehungen eine wichtige Rolle spielen. Wenn ein Hund in seinem Rudel beleckt und beknabbert wird, bedeutet dies soziale Akzeptanz und somit auch soziale Sicherheit für ihn. Ein Liebespaar zeigt das gegenseitige Versorgen zeitweise sehr intensiv. In der Mensch-Hund Beziehung ist diese Form von Körperkontakt (natürlich mit den Händen ausgeführt) enorm wichtig für die Festigung der Beziehung.

Submissives Lecken

Im Gegensatz zum versorgenden Lecken, das langsam und sorgfältig ausgeführt wird, ist das submissive Lecken ein schneller, kurzer Zungenkontakt, bei dem von unten nach oben gestupst wird. Dieses Stupsen darf man nicht verwechseln mit einer Stoßbewegung von oben nach unten, die als Korrektur oder Angriff bzw. im Spiel als Aufforderung gemeint ist (so genannter Nackenstoß). Das submissive Lecken stammt vom bereits beschriebenen Futterbettelverhalten ab und kann, z. B. nach einer Korrektur, eine beschwichtigende Funktion haben. Auch bei der Begrüßung bedeutet es Anerkennung des anderen. Eine zu penetrante Ausführung dieses Verhaltens löst häufig einen Über-Schnauz-Griff als Korrektur aus.

Über-Schnauz-Griff

Der Über-Schnauz-Griff kommt aber auch bei der Begrüßung vor und wird dann sehr liebevoll ausgeführt – eine Verhaltensweise, die natürlich auch uns Menschen gegenüber gezeigt wird. Wenn das submissive Lecken zu penetrant wird, ist es ratsam, den Begrüßungsablauf zu ritualisieren. Der Hund, der bei der Begrüßung mit seinem Fang über unsere Hand greift, zeigt den Über-Schnauz-Griff und somit seine Überlegenheit. Es gibt sogar Hunde, die auf diese Weise „Transportverhalten" zeigen, so wie das Muttertier die Welpen in die sichere Wurfhöhle zurückträgt. Natürlich ist das gegenüber den eigenen Sozialpartnern liebevoll gemeint, aber eben doch parentales Verhalten gegenüber dem Menschen. Aus solchen Verhaltensweisen kann man gut die „Hundesicht" der Verhältnisse ableiten. Da wir Menschen diese Art der Begrüßung meistens nicht mit anderen parentalen Verhaltensformen, wie z.B. der Verteidigung des Menschen gegen andere Hunde, in Verbindung bringen, möchten wir an einer so liebevollen Begrüßung meist nichts ändern. Weil der Hund mit der parentalen Rolle im Familienrudel überfordert ist, wäre es jedoch ratsam, das Begrüßungsritual zu ändern. Dazu gibt man dem Hund keine Möglichkeit mehr, dieses Verhalten auszuführen, sondern ignoriert ihn, bis er sich ruhig irgendwo hingelegt hat. Dann ruft man ihn zu sich, lässt ihn sitzen und streichelt mit knabbernder Bewegung der Finger über Kopf und Nackenbereich. Falls der Hund aufmüpfig wird, ist das einerseits ein Beweis dafür, dass er unbedingt die (Be-)Achtung haben möchte, die er aus seiner Sicht verdient. Andererseits kann ich hier nur warnen und dazu raten, Änderungen im Umgang mit dem Hund unter Anleitung eines Hundeerziehungsberaters vorzunehmen.

Auf sanfte Weise greift die Golden-Retriever-Mutter über die Schnauze ihres Welpen. Symbolisch für: „Ich habe jetzt kein Futter für Dich. Du brauchst deswegen jetzt auch nicht zu betteln."

Warnung

Ein kurzes, ganz sanftes, fast vorsichtiges Lecken des Hundes kann alles andere als liebevoll gemeint sein. Wie bereits beschrieben, wird bei bestimmten Drohgesten gezüngelt, und dieses Verhalten kann auch hautnah gezeigt werden. In bestimmten Situationen, in denen der Hund eine imponierende Körperhaltung zeigt und dazu noch knurrt, bedeutet das: „Keine Bewegung mehr, denn sonst sehe ich mich genötigt, dich festzuhalten!" Das Verhalten kann allerdings auch von ambivalenten (zwiespältigen) Hunden gezeigt werden, die z. B. einen Besucher anspringen, als würden sie ihn stellen, im entscheidenden Moment aber doch eine Hemmung zeigen. Bei der Begrüßung bekannter Sozialpartner wird dieses Stellen eines Eindringlings sehr häufig geübt. Auch dabei wird manchmal ein kurzes Lecken gezeigt, meist an Körperstellen, an denen der Hund auch einen echten Eindringling packen würde.

Anspringen

Spielerisches Anspringen

Anspringen hat innerhalb der Kommunikation verschiedenste Bedeutungen. So kann es eine penetrante Spielaufforderungsgeste sein, wobei sich der Hund sofort umdreht und beispielweise ein Zickzacklaufen beginnt. Das kann wiederholt werden, bis der andere wie gewünscht reagiert.

Der gelbe Retriever korrigiert seinen Gegenspieler durch massives Anspringen.

Danach steht er in der T-Stellung mit erhobener Rute knurrend vor den anderen. (Bild auf der rechten Seite)

Anspringen als Korrektur

Es wird auch angesprungen, um das Gegenüber aus dem Gleichgewicht zu bringen. Das kann man im Spiel beobachten, aber auch wenn ein Hund einen anderen maßregelt und ihn dabei auf den Rücken wirft. Diese Korrekturmaßnahme wird vor allem gegenüber Hunden gezeigt, die sich respektlos oder hemmungslos verhalten. Die Körpersprache gleicht dabei der bei der Imponierhaltung beschriebenen, also Rute hoch und stramme Beine. Wenn so ein Verhalten uns Menschen gegenüber gezeigt wird (auch in milderer Form), hat es natürlich nicht plötzlich eine andere Bedeutung. Die strammen Vorderpfoten in unserem Magenbereich dienen also nicht dazu, bei uns einen Vorwürgereflex auszulösen (Bettelverhalten), sondern machen unmissverständlich klar: „Achte auf mich!", „Hab Achtung vor mir!", bis zu „Hab Hochachtung vor mir!" Die meisten Menschen bleiben tatsächlich erst mal stehen, wenn sie angesprungen werden, und schenken dem Hund viel Beachtung. Auch ich würde das tun, wenn ich irgendwo zu Besuch wäre und der Hund der Familie mich auf diese Weise begrüßen würde. Man sollte jedoch auch auf Menschen Rücksicht nehmen, die solche Begrüßungen nicht herzergreifend finden, sondern sich vor lauter Angst keinen Schritt weiter trauen. Außerdem: Ist der Hund nun der Gastgeber oder sind das immer noch Sie?

Submissives Hochkrabbeln

Dieses Verhalten wird auf Seite 17 am Beispiel „Joe, der Cocker" beschrieben.

Aufreiten

Wie wir bereits beim Sexualspiel festgestellt haben, bedeutet Klammern oder gar Aufreiten eine massive Einschränkung der Bewegungsfreiheit des anderen. Viele Hunde haben innerhalb ihrer Sozialstruktur einen sehr hohen Status und unter Umständen eine entsprechend erhöhte Libido. Das führt zu sexueller Frustration, die u. a. über das Aufreitverhalten abgebaut wird. Es kann natürlich, während des Deckaktes, auch echtes sexuelles Verhalten sein. Wenn beim Aufreiten oder Klammern jedoch geknurrt wird, handelt es sich um eine direkte Bedrohung des anderen.

Aufreiten als massive Bewegungseinschränkung.

Funktionsbereiche der Kommunikation

Instinkte

Der Hund ist ein sozial lebender Beutegreifer, dem für sein Überleben bestimmte Instinkte zur Verfügung stehen.

Was sind Instinkte?

Instinkte sind genetisch verankerte, also angeborene Verhaltensformen, die allerdings erfahrungsbedingt weiterentwickelt bzw. durch Sozialpartner sogar modifiziert (verändert) werden können. Im Gegensatz zur Instinkttheorie von Konrad Lorenz sehe ich im Instinktverhalten die Basis aller erlernten Verhaltensmöglichkeiten des Hundes.

Welche Instinktgruppen gibt es?

Die Instinktgruppen sind je nach Rassetyp oder Veranlagung des Hundes unterschiedlich stark ausgeprägt. Hierzu werde ich später noch ausführlicher berichten.

Jagdinstinkt

Er macht den Hund zum Hund. Die ganze Anatomie des Hundes ist, zumindest bei einem durchschnittlich proportionierten Körperbau, auf die beuteorientierte Jagd abgestimmt. Die Jagd auf kleinere Beutetiere (z. B. Mäuse) ist eine komplett angeborene Verhaltensform. Zu dieser Jagd braucht es nicht viel Kommunikation, im Gegenteil: Sozialpartner sind hier eher unerwünscht, da man eine so kleine Beute nicht auch noch teilen möchte. Es gibt aber nicht nur angebore-

Der Saarloos im Vordergrund versucht dem anderen die Beute wegzunehmen. Letzterer möchte die Beute natürlich nicht gerne teilen.

ne, sondern auch erlernte Jagdsequenzen, vor allem bei der Jagd auf größere Beutetiere. Schon im Welpenalter werden unter Anleitung der Elterntiere gemeinsame Jagdtechniken mit den Wurfgeschwistern eingeübt. Dazu benötigt der Hund von Anfang an seinen sozialen Rudelinstinkt, da bei dieser Jagd die Kommunikation unabdingbar ist. Mit zunehmenden Alter verfeinert sich nicht nur die Kommunikation der Hunde, auch die erlernten Jagdtechniken werden immer raffinierter. Nur in einem gut organisierten Rudel kann erfolgreich auf größere Beutetiere gejagt werden. Hier zeigt sich, welch wichtige Funktion die Hierarchie im Rudel hat. Zur Jagd ist allerdings auch ein eigenes Territorium erforderlich.

Territorialinstinkt
Er dient der Abgrenzung und Verteidigung des eigenen Territoriums. Damit soll einerseits die Nahrungsquelle (Jagdrevier) sichergestellt und andererseits ausreichend Schutz für den Nachwuchs gewährleistet werden. Auch einen Sexualpartner will man nicht gern mit Konkurrenten teilen. Bei der Verteidigung des eigenen Territoriums spielt Kommunikation ebenfalls eine wichtige Rolle.

Sexualinstinkt
Er dient der Fortpflanzung und somit der Rudel- und Arterhaltung. Sexualverhalten ist angeborenes Instinktverhalten und muss nicht erlernt werden. Trotzdem spielen sehr viele soziale Formen der Kommunikation hierbei eine ausgeprägte Rolle. Damit kommen wir zum sozialen Rudelinstinkt.

Ein von beiden Hunden gewollter Deckakt.

Sozialer Rudelinstinkt
Er ist das Fundament des gesamten Hundelebens, denn er sichert

- eine funktionelle Zusammenarbeit bei der Jagd,
- die gemeinsame Verteidigung des Territoriums,
- die Weitervererbung des besten Genmaterials durch Verpaarung der Ranghöheren,
- Aufzucht und Erziehung der Welpen,
- eine gute Kommunikation der Hunde untereinander.

Die Kommunikation schafft eine soziale Hierarchie im Rudel, welche die Basissicherheiten des einzelnen Individuums gewährleistet. Auf diese Weise wird Aggression im Rudel vorgebeugt. Die Größe einer Gruppe hat Einfluss auf die Komplexität der Kommunikation. Sehr viele Verhaltensformen innerhalb der sozialen Kommunikation stammen ursprünglich aus dem Jagd-, Territorial- oder Sexualverhalten. Speziell die vom Jagdverhalten herrührenden Verhaltensformen spielen eine bedeutende Rolle innerhalb der gesamten Kommunikation. Das verdeutlicht, wie wichtig es für uns Menschen ist, die Ziele (Beweg-Gründe) unseres Hundes nachvollziehen zu können, um mit ihm vernünftig zu kommunizieren. Denn Hunde wollen nicht nur „labern", sondern auch mit uns Menschen eine sinnvolle Kommunikation führen.
Hoffentlich habe ich ausreichend dargelegt, dass die Instinktgruppen ineinander greifen und nicht getrennt voneinander betrachtet werden können.

Hierzu ein Beispiel

„Bosse", ein Spitzmischlingsrüde, kam früher jedes Jahr ein- bis zweimal in unsere Hundepension, wo wir Gruppen von fünf bis sechs sozialverträglichen Hunden in Gehegen hielten. In Bosses Gruppe herrschte immer große Ruhe und Harmonie. Wie kam das? Wenn ich Bosse ins Gehege hineinführte, ignorierte er konsequent die Begrüßungen der anderen Gruppenmitglieder, ging im Gehege herum, hob an verschiedenen Bäumen sein Bein, kotete auf einen Baumstamm, scharrte danach ausgiebig, trank etwas Wasser und legte sich bei der großen Eiche beim Zauntor hin, um in Richtung der anderen im Gehege zu schauen. Von da an hatte jeder Respekt vor ihm und mied seinen Liegeplatz. Wenn zwei andere Hunde miteinander rangelten, stand Bosse auf und ging mit erhobener Rute und strammen Beinen langsam zwischen den beiden durch. Die Rangelei war somit wortwörtlich durchbrochen. Das hatte zur Folge, dass sich schwächere und unsichere Hunde bei einer erhöhten Spannung in der Gruppe in Bosses Nähe aufhielten.
Beim Füttern im Gehege lag Bosse immer ruhig in der Nähe seines Napfes. Die anderen Hunde schlangen ihr Essen hinunter. Wenn einer von ihnen seinen Napf leer hatte und Interesse an Bosses vollem Napf bekundete, hob Bosse den Kopf und guckte den anderen kurz fixierend an. Das genügte, damit sich der Futterneider abwandte. Wenn alle anderen Hunde mit dem Fressen fertig waren, stand Bosse auf, gähnte und streckte sich ausgiebig – und ging zu seinem Napf, um genüsslich und in aller Ruhe seine Mahlzeit zu vertilgen.
Er machte einen starken Eindruck auf die Hündinnen in der Gruppe und wählte seine favorisierte Hündin durch aktive Spielaufforderung selbst aus. Wenn dann die anderen Rüden, durch die Spielstimmung angesteckt, mitmischen wollten, stoppte er plötzlich das Spiel. Sofort unterbrachen auch die anderen ihr Spiel.
Ab und zu nahm Bosse einen Riesenzweig ins Maul und raste damit durch das ganze Gehege. Die anderen liefen ihm hinterher. Bosse ließ sich eine Weile jagen, bis er letztendlich von den anderen Hunden in einer Ecke umstellt war. Da legte er sich dann hin und fing an, den Zweig zu zerkauen. Nach einiger Zeit ging er an seinen Liegeplatz zurück und überließ die Überreste des Zweiges den anderen, die das Spiel nun ohne ihn fortsetzten.

Erklärung

Von Anfang an drückt Bosse durch sein selbstbewusstes Territorialverhalten und das Ignorieren der anderen Folgendes aus: „Hi, Jungs, hi, Girls, Bosse ist wieder da. Bloß keine Aufregung, alles paletti." Durch sein Markieren und das Einnehmen des strategischen Platzes bei der Eiche vermittelt er den anderen Hunden: „Ich übernehme die Verantwortung für unsere Sicherheit."
Die souveräne Unabhängigkeit und Gelassenheit, die Bosse zeigt, sind fast ein Sinnbild für das, was ich passive Dominanz nenne: Überlegenheit nicht durch das Verhalten, das man direkt den anderen gegenüber zeigt, sondern durch das, was man im Allgemeinen darstellt. Das Ignorieren und das Markieren einerseits und die wortwörtlich strategische Position, die Bosse einnimmt, setzen ihn sofort an die ranghöchste Stelle in der Sozialstruktur. Die Tatsache, dass er sich nach außen, Richtung Nachbargehege orientiert, anstatt sich mit seinen eige-

nen Gruppenmitgliedern auseinander zu setzen, zeigt, dass er auf die Sicherheit und auf externe Gefahren achtet. Das hat den Effekt, dass die anderen sich unwichtiger vorkommen, weil sie anfangs nicht beachtet werden. Wenn interne Streitigkeiten auf die beschriebene Weise durchbrochen werden, demonstriert Bosse damit, dass er weder Angst noch Respekt vor den anderen hat, sondern erwartet, dass sie Respekt vor ihm haben und sich deshalb in seiner Anwesenheit nicht erlauben, sich weiter zu kabbeln.
Bei der Fütterung beweist Bosse, dass er sich seiner Position sicher ist und deshalb sogar als Letzter fressen kann. Damit macht er den anderen klar, dass er gut in der Lage ist, Ressourcen zu verteidigen. Einerseits hat also jeder Respekt vor seinem Besitz und andererseits haben die anderen Hunde, wenn es um Sicherheit geht, einen Orientierungspunkt gefunden, nämlich Bosse als Boss.
In seinem Verhalten gegenüber der Gruppe macht Bosse eine Ausnahme bei einer Hündin, die für ihn anscheinend doch nicht so unwichtig ist. Die anderen Rüden haben schnell verstanden, dass sie sich da raushalten müssen.
Erst als für Bosse klar ist, dass seine Position bei den anderen nicht mehr infrage steht, initiiert er ein Jagdspiel. Er lässt sich jagen und sogar in die Zange nehmen, wonach er demonstrativ auf dem Zweig als Beuteersatz herumknabbert. Er ist also sicher, dass keiner ihn wirklich beuteln würde. Er kann sich die Großzügigkeit leisten, den anderen seinen Zweig zum Jagdspiel zu überlassen, damit sie weiterüben können, während er sich seiner sichernden Aufgabe widmet.

Der mittlere Saarloos wird beim Jagdspiel in die „Zange" genommen.

Indem er souveränes Territorialverhalten zeigt, verschafft sich Bosse in seiner sozialen Gruppe Respekt. Das Zeigen von Territorialverhalten ist also auch eine Mitteilung innerhalb des Sozialgefüges der Gruppe. Hier erkennt man den Zusammenhang zwischen Territorial- und Sozialinstinkt. Wer wofür zuständig ist, ist entscheidend für die Sozialstruktur. So wird von Bosse passive Dominanz gezeigt. Sein neu erworbener sozialer Status gibt ihm auch das Recht, eine potenzielle Sexualpartnerin exklusiv für sich zu werben. Die anderen Rüden respektieren sein Vorrecht. Hier sieht man, dass das machomäßige Territorialverhalten zu einem bestimmten sozialen Status führt, der einem gleichzeitig auch sexuelle Vorrechte verschafft.
Bosses Status bringt es mit sich, dass er entscheiden kann, dass Rangeleispiele nicht gestattet sind, und andererseits Jagdspiele durch ihn initiiert werden. Durch seinen sozialen Status hat Bosse im Jagdspiel eher eine pädagogische Rolle. Er entscheidet, womit das Jagdspiel gespielt wird, um auf diese Weise Mobbing unter den anderen Gruppenmitgliedern vorzubeugen. Bosse macht unmissverständlich klar, dass das Weiterspielen von seiner Toleranz abhängt. Die Tatsache, dass er sich während des Spiels der anderen seinen territorialen Aufgaben widmet, gibt dem Rudel das Gefühl, sicher weiterspielen zu können. In diesem Beispiel sieht man, wie Bosse durch das Zeigen von Territorial-, Parental-, Jagd- und Sexualverhalten in der Kommunikation mit den anderen Gruppenmitgliedern zum Entscheidungsträger in allen Bereichen wird.

Entwicklung und Verfeinerung der Kommunikation

Entwicklung der Kommunikation

Im Welpenalter

Das Kommunizieren mit anderen Hunden fängt nach der zweiten Woche, nach der vegetativen Phase, an. Jetzt öffnen sich Ohren und Augen. Von nun an wird sich der junge Welpe seines sozialen und materiellen Umfelds ständig mehr bewusst. Da er anfangs körperlich noch nicht ausgereift ist – sprich: akustische und optische Wahrnehmung und motorische Fähigkeiten sind noch begrenzt –, ist die Kommunikation noch sehr unbeholfen. Allmählich steigern sich die motorischen Fähigkeiten und der Welpe entdeckt, was er mit seinem Körper erreichen und wie er ihn seinen Wurfgeschwistern gegenüber einsetzen kann. Die Kommunikation wird nun gezielter. Hier wird schon klar, wie wichtig Selbstwahrnehmung ist, um andere vernünftig einschätzen und mit ihnen kommunizieren zu können. Da der Welpe allerdings noch viel mit sich und dem Verarbeiten von Erfahrungen beschäftigt ist, hat er kein großes Einfühlungsvermögen gegenüber anderen Individuen.

Papa zeigt verfeinerte Kommunikation und macht dem Welpen nur durch Knurren und Fixieren klar, dass er sich von seiner Beute fernhalten soll.

Vor allem bei der Verteidigung eines Fleischbrockens kann von Welpe zu Welpe noch ziemlich hemmungslos zugebissen werden.

Aufbau der Beißhemmung

Die erste Entwicklung beim Einfühlungsvermögen ist der Aufbau der Beißhemmung. Im Welpenalter wird noch recht grob miteinander gespielt und dabei auch ordentlich zugebissen. Wenn das bei dem Gebissenen zu Schmerzen führt, reagiert er je nach seiner Persönlichkeit entweder mit einem Schmerzschrei und Meideverhalten oder mit einem ernsthaften Zurückbeißen. Jedenfalls wird durch zu hartes Zubeißen eines Welpen das Spiel beendet. Wird diese Erfahrung häufiger gemacht, entwickelt der Welpe dadurch ständig mehr Gefühl für die Schmerzgrenze der anderen. Die erste primitive Form von Einfühlung ist da. Der Welpe sieht nicht nur sich selbst, sondern formt sich auch ein Bild von den Interessen eines Rudelgenossen. Natürlich steht dabei noch immer sein eigenes Interesse im Vordergrund, denn er möchte ja weiterspielen.

Korrektur durch Elterntiere

Auch die Erziehung der Welpen durchläuft eine ähnliche Entwicklung. Anfangs korrigieren die Elterntiere den Welpen recht grob. Da läuft Papa z. B. knurrend und fixierend zum Junior hin und greift stoßend in den Nackenbereich, wodurch der Welpe auf den Rücken rollt. Dann stellt Papa sich knurrend über ihn, mit fixierendem Blick und gefletschten Zähnen. Allerdings wird man sehr rasch bemerken, dass bei späteren Korrekturen der Elterntiere schon der gehobene Kopf mit fixierendem Blick ausreicht.

Wurfrangordnungsphase

In der Wurfrangordnungsphase (bis zur 16. Lebenswoche) wird auf ziemlich aggressive Weise die Rangordnung unter den Wurfgeschwistern geklärt. Später würde man sich den Luxus solcher Kämpfe nicht mehr leisten können, weil man die Energie anderweitig braucht. In einem Rudel erwachsener Hunde wird selten gekämpft, weil man die Fronten längst geklärt hat, damit man bei der Jagd, der Territoriumsverteidigung und der Erziehung des Nachwuchses vernünftig zusammenarbeiten kann.

Spielen ist Ernst

Ja, Sie haben richtig gelesen. Das Spiel ist von Anfang an eine ernst zu nehmende Sache, weil sich gerade dabei die Selbstwahrnehmung und später die Wahrnehmung des sozialen Kontextes (sprich: der anderen) entwickeln. Das Spiel der Welpen bildet also das Fundament aller kommunikativen Möglichkeiten für das weitere Leben. Nur Spielen als solches gibt es nicht! Es hat alles seinen Sinn.

In der Wurfrangordnungsphase werden die Rangeleispiele allmählich ernster.

Verfeinerung der Kommunikation

Verfeinerte Kommunikation ist effiziente Kommunikation – sind die Welpen erwachsen, hat die Kommunikation sich so weit entwickelt, dass man sich mit immer weniger Gesten verständigen kann. Das ist auch notwendig, wenn man effizient und effektiv zusammenarbeiten und -leben möchte.

Spiel unserer Haushunde

Für unseren Haushund ist das Spiel mit Menschen vom Welpenalter an unentbehrlich, weil die meisten Hunde nicht in einem Rudel mit anderen Hunden leben, sondern als einzelner Hund in einem menschlichen Rudel. Trotzdem muss der Hund auch mit fremden Artgenossen zurechtkommen, was den Besuch einer gut organisierten Welpenschule, wo das Spiel der Welpen von allen erwachsenen Bezugspersonen als „Hundegärtner/in" betreut wird, unabdingbar macht. Auf diese Weise fördert man die Entwicklung zum kommunikativ anpassungsfähigen Hund, der gelernt hat, andere einzuschätzen und sein Verhalten darauf abzustimmen. Sozialisieren heißt hier aber nicht nur andere kennen zu lernen, sondern auch zu lernen, wie man sich dem anderen gegenüber verhält. Innerhalb des gemeinsamen Spiels entwickelt sich also die Kommunikation untereinander.

Falscher Ansatz von Kommunikation

Auch wir Menschen müssen unseren Welpen dort abholen, wo er sich in seiner Entwicklung befindet. Dies bedeutet, dass wir ebenfalls mit groben Formen der Kommunikation anfangen und unsere Kommunikation mit dem Hund allmählich immer mehr verfeinern. Leider sieht man häufig genau das Gegenteil: Beim Welpen haben wir die Neigung, mit äußerster Vorsicht vorzugehen – bis wir irgendwann merken, dass das meist nicht die erwünschte Reaktion hervorruft. Dann packen wir etwas fester zu. Das steigert sich allmählich, bis uns letztlich der Kragen platzt und wir ausrasten. Statt unsere Kommunikation zu verfeinern, werden wir also ständig grober. Das hat zwei Konsequenzen: Einerseits machen wir unseren jungen Hund immer unsensibler für unsere Signale, ja, desensibilisieren ihn systematisch, und andererseits kann er uns nicht mehr ganz für voll nehmen, weil zum Erwachsensein nun mal verfeinerte Kommunikation gehört. Wir stellen uns dagegen an wie ein kleines Kind.

Verfeinerung der Kommunikation beim Menschen

Bei uns Menschen verläuft die Entwicklung der Kommunikation ähnlich wie bei Hunden. Ein Baby fängt an zu brabbeln, Mama hört „Blambammbla" – und reagiert, weil das Kind anscheinend zum ersten Mal „Mama" gesagt hat. Weil sie so reagiert, wird das Baby dies häufiger wiederholen. Letztendlich sagt es einwandfrei „Mama". Achtzig Jahre später wird dieses „Baby" morgens neben seiner Partnerin wach, mit der es seit vierzig Jahren zusammenlebt, und braucht sie nur anzuschauen, um zu wissen: Oh, heute sage ich besser nicht zu viel zu ihr. So hat sich die Kommunikation verfeinert.

Aggression

Aggressionsverhalten richtig verstehen

Warum ein ganzes Kapitel über das Thema Aggression?
Wie am Anfang des Buches beschrieben ist das Einanderverstehen die Grundlage einer guten Verständigung. Ein Nebeneinanderherkommunizieren kann sich zu einem Gegeneinander entwickeln. Probleme in der Kommunikation führen zur Frustration, die wiederum Aggression zur Folge haben kann. Um aggressive Verhaltensweisen wirklich zu verstehen, scheint es mir sehr angebracht, ihre Ursachen darzulegen.
Aggression ist eine negative Emotion und wird, genau wie positive Emotionen, von einem der ältesten Gehirnteile gesteuert, dem limbischen System, das wir Menschen mit vielen Tierarten gemein haben. Weil nun mal Emotionen in der Kommunikation eine wichtige Rolle spielen, möchte ich auf die Aggression, eine der problematischsten Emotionen, ausführlicher eingehen, damit Sie das aggressive Verhalten von Hunden besser verstehen können.

Was ist Aggression?

Das Wort Aggression kommt vom lateinischen aggredi, was „an etwas herangehen" bedeutet.
Genau wie andere Verhaltensformen ist Aggression eine Anpassung an Umweltbedingungen und dient somit der Überlebenssicherung. Sie ist eine in allen Lebensbereichen mögliche (also integrale) Strategie zur Befriedigung biologischer Bedürfnisse, ohne selbst ein Bedürfnis zu sein, also eine reaktive sekundäre Verhaltensform. Aggression dient dem Erwerb und der Verteidigung von Ressourcen, dem Wiederherstellen von verloren gegangenen Basissicherheiten sowie der Vermeidung von Schäden am eigenen Körper. Es ist also kein primäres Bedürfnis, Aggression zu zeigen.

Aggression dient hier der eigenen körperlichen Unversehrtheit.

Aggression und ihre biologische Funktion

Natürliche Selektion

Die Möglichkeit, Aggression zu zeigen, ist überlebenswichtig. Denn nur wenn ein Tier in der Lage ist, Ressourcen zu verteidigen (defensive Aggression) oder sein Territorium im Interesse eines heranwachsenden Rudels sogar zu erweitern (offensive Aggression), wird es in der Lage sein, seine Gene weiterzugeben.

Gefahren durch ein Übermaß an Aggression

WICHTIG

Nur Tiere mit einem Aggressionspotenzial, das ein Maximum an Vorteilen und ein Minimum an Nachteilen mit sich bringt – sprich: Aggression wird nur gezeigt, wenn es wirklich notwendig ist –, sind optimal an die gegebenen Lebensbedingungen angepasst. Diese Tiere werden letztendlich die genetische Veranlagung der Population für die Zukunft bestimmen können (Darwinismus).

Aggressives Verhalten birgt allerdings auch Gefahren für den Aggressor selbst. Ein zu hohes Aggressionspotenzial ist biologisch unerwünscht und wird in der Natur ausselektiert, weil der Energieaufwand für aggressives Verhalten sehr hoch ist und diese Energie nicht für konstruktive Verhaltensformen, wie Futtersuche, Sexualverhalten oder Versorgung der Welpen, genutzt werden kann. Dazu kommt ein erhöhtes persönliches Risiko, während aggressiver Auseinandersetzungen verletzt oder gar getötet zu werden. Ein Übermaß an Aggression ruft außerdem Angst bei potenziellen Sexualpartnern hervor, sodass sich die Chancen auf Nachwuchs wesentlich verringern. Da ein Übermaß an Aggression gleichgestellt werden kann mit fehlender Einfühlsamkeit anderen gegenüber, wird meistens auch zu hart mit dem Nachwuchs umgegangen. Das hat verheerende Konsequenzen: Welpentötung, ja sogar Vernichtung eigener Nachkommen.

Bei unseren vom Menschen beeinflussten Züchtungen kommen diese Naturgesetze noch immer mehr oder weniger zum Tragen. Es ist sogar so, dass viele Hunde in einer aggressiven Kultur aufwachsen und damit vom Welpenalter an lernen, sich mittels Aggression durchzusetzen. Hunde übernehmen vieles aus dem Verhaltensrepertoire ihrer Eltern. Auch lassen viele Hundebesitzer ihren Frust an ihrem Hund aus. Der Hund wird dadurch ebenfalls frustriert und baut seine Frustration eventuell anderen gegenüber auf ähnliche Weise ab.

Dazu fällt mir eine kleine Anekdote ein

Pa Pinkelmann ist Abteilungsleiter in einer Firma und bekommt dort am selben Tag sowohl Ärger mit seinem Vorgesetzten als auch Kritik von den Angestellten seiner Abteilung zu hören. Er schafft es gerade noch, auf der Arbeit diplomatisch zu bleiben. Ordentlich geladen fährt er nach Hause. Er hat schon morgens mit seiner Frau Connie vereinbart, dass es heute bald Essen geben wird, weil er abends noch etwas für die Firma ausarbeiten muss. Zu Hause angekommen sieht er gerade noch, wie die Nachbarin sein Haus verlässt. Launisch schlägt er die Tür hinter sich zu und bemerkt, dass seine Frau jetzt erst mit dem Kochen beginnt – während er selbst schon längst kocht. Da platzt ihm der Kragen. „Das hat mir gerade noch gefehlt!", schreit er und rastet aus. „Ich brauch kein Essen mehr, ich bin in meinem Büro! Du kannst allein mit den Kindern essen."
Michel kommt mit dreckigen Schuhen und einem Loch in der Hose vom Spielen herein und sagt: „Mama, ich hab Hunger. Was essen wir heute Abend?" Connie schimpft: „Ich hab dir schon tausendmal gesagt, dass du die Schuhe ausziehen

sollst, wenn du reinkommst. Und wie kommt das Loch in deine Hose? Du putzt jetzt sofort den Dreck hier weg!" Michels Schwester Lisa hat alles mitbekommen und steht schadenfroh grinsend im Flur. Michel ist stocksauer. „Warte bloß, bis ich Mama erzählt habe, wie das Loch in die Hose gekommen ist", droht er. Da betritt Hund Ivo mit Lisas Teddybär im Maul den Flur. Lisa schreit: „Ivo, aus! Aus!", nimmt ihm das Plüschtier ab und schlägt es Ivo um die Schnauze. Ivo verschwindet in die Küche, wo Kater Wim gerade aus seinem Napf frisst. Tief knurrend stürmt Ivo auf Wim zu und stößt ihn vom Napf weg. In diesem Moment fängt Graupapagei Jacco mit seinem Lachkonzert an und flattert durch das Wohnzimmer. Wim springt in Angriffsstellung zu Jacco hoch. Jacco schafft es gerade noch auf seinen Sitzbaum und schreit in einer Tour, wie die Kinder es ihm beigebracht haben: „Arschloch, Arschloch, Arschloch ..." Zum Glück gibt es außer Pa, Connie, Michel, Lisa, Ivo, Wim und Jacco keine weiteren Lebewesen im Haus und so nimmt auch dieser Tag irgendwann ein Ende.

„David und Goliath". Durch die Leine können beide Hunde nicht mehr das natürliche Meideverhalten zeigen. Um den anderen auf Distanz zu halten, wird häufig aggressives Verhalten gezeigt.

Motivationen für aggressives Verhalten

Territorial motivierte Aggression

Sie tritt dann auf, wenn sich ein Hund in seinen territorialen Ressourcen bedroht sieht. Ich möchte nochmals mit Nachdruck darauf hinweisen, dass das Verhalten unserer Haushunde diesbezüglich nicht ernst genommen wird, solange der Hund nur droht und nie kämpft, andererseits der Kampf als Verhaltensstörung interpretiert wird. Es gibt immer mehr Probleme mit territorial veranlagten Hunden, weil diese einen immer enger werdenden Raum mit fremden Hunden teilen müssen. Ich kann dazu nur sagen, dass es für unsere Gesellschaft sinnvoll wäre, Hunde mit weniger Territorialinstinkt zu züchten.

Je mehr Individuen sich einen Raum teilen müssen, desto komplexer ist meist auch ihr Leben. Frustration ist vorprogrammiert und Aggression oft die Konsequenz.

Reproduktionsmotivierte Aggression

Sie kann auch gegenüber Rudelmitgliedern gezeigt werden. Vor allem beobachtet man das, bei nicht ganz klaren Strukturen im Rudel, während der Läufigkeitsphasen der Hündinnen. Selbst wenn ein Hund in einer menschlichen Familie lebt, kann beispielsweise ein Rüde den Herrn des Hauses als Sexualkonkurrenten betrachten, auf den er dementsprechend aggressiv reagiert. Meistens zeigen Haushunde reproduktionsmotivierte Aggression jedoch kombiniert mit der oben beschriebenen territorial motivierten Aggression. Das bedeutet, dass sehr viele Hunde in ihrer Sexualität schon frustriert sind, weil sie sich trotz hohem Sozialstatus nicht reproduzieren (vermehren) können. Hinzu kommt das Aufeinandertreffen mit rudelfremden Geschlechtsgenossen, die als sexuelle Konkurrenten in das eigene Territorium eindringen. Wenn dann auch noch das andere Geschlecht häufiger in diesem Territorium anzutreffen ist, kann dies zu heftigen aggressiven Handlungen führen. Der Grad der Frustration im Hinblick auf das Bedürfnis, ein eigenes Territorium und einen Sexualpartner zu haben, ist entscheidend für die Stärke der Aggressivität. Viele Menschen denken, dass eine erhöhte Produktion des männlichen Geschlechtshormons Testosteron zu verstärkter Aggression führt. Dabei ist nicht die erhöhte Libido der Auslöser für aggressives Verhalten, sondern der Mangel an Möglichkeiten, dieses erhöhte Bedürfnis zu befriedigen. Der Botenstoff Vasopressin steuert hierbei die Aggressivität.

Der Berner Sennenhund zeigt die erste Vorstufe von nahrungsressourcen-motivierter Aggression. „Komm nicht näher, denn der Knochen ist meiner!“

Nahrungsressourcenmotivierte Aggression

Das Ziel der Zusammenarbeit innerhalb eines Rudels ist für jedes Individuum, zu fressen und somit weiterleben zu können. Das bedeutet, dass Essen ein sehr grundlegendes Bedürfnis ist, das nicht allzu lange frustriert werden kann. Bei Nahrungsmangel versucht jedes Individuum, das eroberte Essen anderen gegenüber zu verteidigen. Es gibt Thesen, nach denen bei Hunden keine klare Futterrangordnung existiert. Meines Erachtens gibt es sie ganz eindeutig, und zwar nicht nur bei Hunden, sondern auch bei Menschen. Wenn ausreichend Nahrungsressourcen vorhanden sind, können ranghöhere Tiere anderen gegenüber tolerant sein. Bei Hunden ist es in der Natur häufig so, dass die Ranghöheren, wenn die Beute erlegt ist, so erschöpft sind, dass sie gar nicht gleich fressen können. Wenn „fette" Beute da ist, lassen sie deshalb die anderen zuerst fressen. Das bedeutet aber nicht, dass es keine Futterrangordnung gibt, sondern dass alles von der Menge der Nahrungsressourcen und somit von der Toleranz oder Intoleranz der Ranghöheren abhängt.
Viele Haushunde bekommen eher zu viel zu essen und zeigen trotzdem so etwas wie Futterverteidigung oder Verteidigung der Räumlichkeiten, wo das Futter bereitsteht oder gelagert wird. Natürlich geschieht das eher Besuchern gegenüber, aber auch bei eigenen Familienmitgliedern. Ein Hund, der das Gefühl hat, etwas verteidigen zu müssen, hat eigentlich Angst, etwas zu verlieren – in diesem Fall seinen sozialen Status. Es gibt Hunde, die sich in der Nähe des Futternapfes hinlegen, ohne zu fressen, und, sobald ein Familienmitglied dazukommt, den Napf mit Knurren gegen diese Person verteidigt. Hier ist das Futter nur Mittel zum Zweck. Was nämlich will dieser Hund dem Menschen klarmachen? Er ist fit genug, Ressourcen zu verteidigen. Der Hund möchte, dass der Mensch das registriert und respektiert, also seine soziale Überlegenheit anerkennt. Das hat auch bei Spaziergängen Konsequenzen, wo der Hund meistens noch nicht gefressen hat und somit territorialer Frust und Frust bezüglich der Nahrungsressourcen zusammenkommen. Dann sieht man ähnliche Reaktionen wie bei der reproduktionsmotivierten Aggression, nämlich eine Verstärkung der Aggression abhängig vom Grad der Frustration.

Sozial motivierte Aggression

Sie kann bei Unklarheiten oder Unstimmigkeiten in der Sozialstruktur gezeigt werden. So wird z. B. erzieherisch eingewirkt, wenn Rangniedrigere Tabus missachten oder keinen Respekt vor bestimmten Regeln zeigen. Daher kommt wohl auch das Wort „maßregeln": Der Submissive oder Juvenile lernt, Maß zu halten. Formen von Aggression werden auch als Korrekturmaßnahmen gegen Rudelmitglieder eingesetzt, die – wenn auch auf submissive Weise – die Individualdistanz eines anderen nicht respektieren. Innerhalb einer sozialen Gruppe wird Aggression meistens auf gehemmte Weise gezeigt, außer bei der Kombination von sozial und sexuell motivierter Aggression. Da kann es zu ernsthaften Streitigkeiten kommen. Sexualität hat nämlich nicht nur mit Selbsterhaltung, sondern hauptsächlich mit Arterhaltung zu tun, und die ist das höchste biologische Ziel überhaupt. Eine vom Welpenalter an vernünftig aufgebaute Sozialstruktur ist bei unveränderter Gruppenzusammensetzung meistens beständig, wobei Ranghöhere das Rudel auf so souveräne Weise führen, dass soziale Aggression kaum notwendig ist. Bei Rangniederen wird die Sexualität durch den sozialen Status auf einem infantilen (kindlichen) Niveau gehalten, wodurch allzu extremen Frustrationen und somit Spannungen vorgebeugt wird. In diesem Kapitel werde ich in dem Beispiel Seite 92 ausführlich erläutern, wie wir Menschen durch einen falschen Umgang mit der Rangordnung Hunde bezüglich ihrer Position innerhalb der Sozialstruktur so weit frustrieren können, dass dies zu exzessiven Aggressionsproblemen der Hunde untereinander führen kann. Wenn wir Menschen ein Rangordnungsproblem mit einem souverän führenden Hund haben und versuchen, die Sozialstruktur schlagartig zu ändern, kann man sich vorstellen, dass das auch Frustration bei unserem Hund auslöst. Bisher war er überzeugt davon, dass das Familienrudel nur durch seine Führung überhaupt eine Überlebenschance hat. Jetzt möchte plötzlich jemand in der Familie die Führung übernehmen, der aus hündischer Perspektive gar keine Ahnung davon hat. Das führt möglicherweise zu existenziellen Ängsten beim Hund, sprich: die Basissicherheiten sind bedroht. Unter Umständen bleibt dem Hund nichts anderes übrig, als über Aggression die in seinen Augen „normalen" Verhältnisse und somit die Basissicherheiten wiederherzustellen. Dagegen ist ein unsicherer Hund, der mangels menschlicher Führung leider die Rolle des Ranghöchsten im Familienrudel übernehmen musste, vielleicht höchst erleichtert, wenn er feststellt, dass ein menschliches Familienmitglied sich die Mühe macht, ein guter Rudelführer zu werden, und plötzlich auf Dinge Einfluss nimmt, die der Hund wegen seiner Unsicherheit bisher mit Aggressivität regeln musste. Solche Hunde, die früher hektisch und nervös waren, werden nun womöglich zu ruhigeren und ausgeglicheneren Familienhunden.

Offensiv droht der Schäfer-Mix Richtung Dackel, um seine Liegestelle zu tabuisieren. Der Dackel versteht seine Signale und macht auf submissive Weise einen leichten Bogen um ihn herum.

Durch nach vorne gelegte Ohren und fixierenden Blick droht dieser Hund zähnefletschend auf offensive Weise.

Das verdeutlicht, dass man ein klares Bild von der Persönlichkeit des Hundes und seinem sozialen Umfeld haben muss, bevor man irgendwelche Änderungen im Umgang mit ihm vornimmt. Ob überhaupt Änderungen vorgenommen werden sollen und, wenn ja, in welchem Tempo, muss immer individuell beurteilt werden.

Offensive und defensive Aggression

Wie bereits beschrieben, hat Aggression immer etwas mit frustrierten Basissicherheiten zu tun. Also liegt der Ursprung der Aggression stets in einer Verunsicherung. Dabei gibt es zwei Hauptformen: die offensive und die defensive Aggression. Die offensive Aggression ist eine durchdachte Handlung, wogegen die defensive Aggression eher als Notwehr einzustufen ist. Offensive Aggression hat also eher mit einer indirekten Bedrohung, z. B. von Territorium, sozialer Rangordnungsposition oder Sexualität, zu tun. Defensive Aggression wird meistens bei einer direkten Bedrohung des Individuums gezeigt, wenn es um die eigene körperliche Unversehrtheit geht.

Konditionierte Aggression

Aus beiden Formen kann konditionierte Aggression entstehen. Das bedeutet, dass der Hund aufgrund positiver Erfahrungen beim Einsatz aggressiver Handlungen (notwendige Ressourcen werden erreicht oder die Bedrohung verschwindet) in vergleichbaren Situationen immer schneller und gezielter Aggressivität anwendet. Logischerweise entwickelt sich diese konditionierte Form von selbst stimulierendem Verhalten bei der offensiven Aggression rascher, weil sie von Anfang an eine mehr bewusst geplante Handlung ist als die defensive Aggression, bei welcher der Hund aus seiner Perspektive keine andere Wahl hat.

1

2

1) *In dieser Begrüßungssituation zeigt der Schäferhund defensive Aggression gegenüber Jan.*
2) *Die Schäferhündin sieht den Handschlag wie eine Attacke auf eines der Rudelmitglieder, die es zu verteidigen gilt. Somit steigert sich die Aggression.*
3) *Nach dieser Begrüßung beobachtet sie Jan genau.*
4) *Auf Jans Annäherung hin zeigt sie Zweifel.*
5) *Die Skepsis verschwindet als Jan ein Leckerchen aus der Hand gibt.*
6) *Jetzt ist die Doppel-Leine nicht mehr notwendig, da die Hündin nun Jan nicht mehr so ernst nimmt. Sie schaut sogar in eine andere Richtung und interessiert sich kaum noch für ihn.*

1a

2a

1a) *Bei Mensch und Hund ist eine Begrüßung immer mehr oder weniger ein Spannungsmoment.*
2a) *Für die Schäferhündin ist die Spannung in solchen Momenten extrem.*
3a–4a) *Das aggressive Drohen ist bei ihr in solchen Situationen ein so festgefahrenes Verhaltensmuster, dass sie sogar auf das eigene Herrchen zuläuft und ihn auf ähnliche Weise attackiert, als wäre er ein Fremder, so wie Jan es anfangs war.*
5a) *Durch Üben neuer Verhaltensmuster schafft Jan es eine entspannte Begrüßung zu ermöglichen.*
6a) *Aggressives Verhalten ist nicht mehr notwendig, weil der Hund Vertrauen in die Führung des Menschen gewonnen hat.*

3

4

5

6

3a

4a

5a

6a

Beispiel zur offensiv konditionierten Aggression
Herr Friedsam stellt seinem acht Wochen alten Airedale-Terrier-Welpen „Goliath" den Futternapf auf den Küchenboden und bleibt daneben stehen. Darauf knurrt der Welpe ihn an. Da Herr Friedsam darüber nur schmunzelt und sich einfach ruhig im Wohnzimmer hinsetzt, hat Goliath die erste positive Erfahrung mit seinem aggressiven Drohverhalten gemacht: Herr Friedsam hat sich entfernt. Als der fünfjährige Sohn David in die Küche gelaufen kommt, macht Goliath mit offensiver Drohgeste (Vorderzähne gebleckt und tiefes Knurren) einen Satz in Davids Richtung und bleibt in Imponierhaltung vor ihm stehen. David erschreckt sich und rennt aus der Küche. „Tja", sagt Herr Friedsam zu seinem Sohn, „Goliath hat das gerade nicht böse gemeint, aber du hast hoffentlich gelernt, dass man einen Hund beim Fressen nicht stören darf." Ein halbes Jahr später liegt Goliath fast immer in der Küchentür, egal ob Futter im Napf ist oder nicht, und die Kinder können den Raum nicht ohne Begleitung der Eltern betreten.

Nahrungsressourcenmotivierte Aggression. Schon früh in der Erziehung werden Grenzen gesetzt:
Papa zeigt dem frontal vor seiner Nase fressenden Welpen seine Grenzen.

Wie hätte man dieses Problem vermeiden können?
Das Beste wäre, den Futternapf von Anfang an nicht einfach hinzustellen, sondern den Hund zu füttern, während Sie den Napf in der Hand halten. Das tun Sie an den unterschiedlichsten Stellen im Haus, damit es nicht mit einer bestimmten Räumlichkeit, sondern mit Ihnen als Person verknüpft wird. Auch wird dadurch deutlich, dass Sie Besitzverhalten zeigen, aber so sozial sind, den Besitz (Futter) zu teilen. Jedes Mal, wenn ein Napf für einen Welpen einfach auf den Boden gestellt wird, versäumt man eine wichtige Chance, Klarheit in der Beziehung zu schaffen. Goliath hat sich daher auf seine Weise „Klarheit" verschafft.

Außerdem empfehle ich immer, dass man einem Welpen von klein auf Tabus setzt, damit er lernt, wo seine Grenzen sind. Ein erstes Exempel könnte man mit einem Knochen statuieren, den man zwischen den eigenen Füßen ablegt und dem Welpen gegenüber tabuisiert (Fixieren, Knurren und evtl. Nackenstoß, je nach Sensibilität des Welpen). Diesen Knochen darf er dann später, wenn er unseren Besitz respektiert hat, auf seiner Decke (Liegeplatz) beknabbern – aber nicht im Haus umhertragen.
Im nächsten Beispiel geht es um die Schutzhundausbildung. Viele Menschen sind der Überzeugung, dass Hunde einen primären Aggressionstrieb haben. Das würde bedeuten, dass der Hund ein grundlegendes Bedürfnis hat, Aggression zu zeigen. Davon ausgehend sehen diese Menschen das Schutzhundtraining als eine gute Möglichkeit, Aggression auszuleben oder zu kanalisieren. Aber wie bereits erklärt, möchte kein Lebewesen genötigt werden, Aggression zu zeigen. Vielmehr herrscht genau das Gegenteil vor: das Bedürfnis nach Sicherheit.

Indem der Hund sich über die Beute stellt, zeigt er eine unmissverständliche Besitzgeste.

Beispiel zur defensiv konditionierten Aggression

Bei der „Ausbildung" von Schutzhunden wird defensive Aggression häufig wie folgt konditioniert:
Der Hund wird anfangs festgebunden und mit einem Beißärmel bedroht, bis er zupackt. Man nennt das dann „Wehrtrieb" – ich nenne es angstinduzierte Aggression. Sobald der Hund den Ärmel loslässt, ohne dass „Aus" gesagt worden ist, bekommt er ihn links und rechts um die Ohren geschlagen, bis sein Selbstschutzinstinkt ihn noch fester zubeißen lässt. Beim nächsten Training wird der Hund aufgrund seiner ersten Erfahrung vermutlich noch schneller und effektiver zubeißen. Der Konditionierungsprozess hat begonnen. Bei diesem Hundesport sagt man dann, dass der Hund ständig „mutiger" wird. Es ist aber nur so, dass die defensive Aggression des Hundes aus seiner Perspektive die einzige Rettung ist. Irgendwann reagiert er dann schon, wenn die Person mit dem Ärmel auf eine bestimmte Distanz drohend auf ihn zukommt. Bedenkt man, dass während dieser Anfangsphasen der Besitzer in der Nähe seines Hundes ist, kann man sich vorstellen, welch eine verheerende Auswirkung dies für das Vertrauen gegenüber seinem Sozialpartner haben muss. Glücklicherweise gibt es Hunde, die dieses Drama nur mit dem Hundeplatz verknüpfen und nicht generalisieren. Fakt ist, dass ein Hund durch dieses Training nicht sozialer wird, sondern erfährt, dass er, wenn es darauf ankommt, allein auf der Welt ist.
Meine persönliche Überzeugung ist, dass man Hunde in den verschiedensten Bereichen einsetzen kann. Man kann sie jedoch auch missbrauchen, instrumentalisieren. Darauf sollten im Sinne der Vorbildwirkung auch Behörden verzichten. Den Einsatz von Spürhunden, Sprengstoffhunden und Rettungshunden finde ich in Ordnung. Ein Einsatz von Hunden beim Auseinandertreiben von Hooligans oder bei anderen aggressiven Aktionen gegen Menschen verleiht dem Hund ein negatives Image und passt nicht mehr in unsere heutige Gesellschaft. Wenn man neue Hundegesetze erlässt, sollte man als Behörde das erwünschte Verhalten bereits vorgelebt haben. So weit meine persönliche Meinung als ehemaliger Schutzhundausbilder.

Schmerzinduzierte Aggression

Hunde, die gesundheitliche Probleme und daher Schmerzen haben, fühlen sich nicht fit genug, um allen Situationen gewachsen zu sein. In dieser Verfassung fühlt sich ein Hund schneller bedroht. Wenn auf bestimmte Weise Aktivitäten von ihm verlangt werden, die seine Schmerzen noch verstärken, wächst logischerweise das Risiko, dass er sich auf aggressive Weise dagegen wehrt. Dabei kann jeder Reiz von außen als Bedrohung erfahren werden, da er das Tier nötigt, sich extern zu orientieren, obwohl es eher Ruhe bräuchte, um sich zu regenerieren. Wir Menschen kennen das ebenfalls: Den ganzen Tag hatten Sie bei der Arbeit schon starke Kopfschmerzen und extreme Schwierigkeiten, sich auf Ihre Aufgaben zu konzentrieren. Abends kommen Sie geschafft nach Hause und wollen sich am liebsten erst mal auf der Couch ausruhen. Ihre Kinder toben und streiten sich im Haus und schlagen die Türen hinter sich zu. Irgendwann reicht es Ihnen und Sie brüllen Ihre Kinder an: „Verdammt noch mal, jetzt langt es aber. Ruhe jetzt!"

Dauerstressbedingte Aggression

Stress ist ein natürliches Phänomen, das sich positiv oder negativ auswirken kann. Bei unseren jagenden Vorfahren diente Stress z. B. der Ausschüttung von Hormonen zu einer besseren Durchblutung des Körpers. Damit wurden schnelle Reaktionen, Steigerung der Konzentration und des Durchhaltevermögens sowie geringere Schmerzempfindlichkeit ermöglicht. Das alles optimierte den Jagderfolg. Stress war meist ein vorübergehender Prozess, der in einer Entspannungsphase mit dem Abbau der ausgeschütteten Stoffe und mit der Erholung des Körpers endete. Bei Dauerstress hingegen werden solche Stoffe extrem häufig ausgeschüttet und zu wenig abgebaut, da der Körper zu selten Erholungsphasen hat. Dies führt zum Abbau der Abwehrkräfte und erhöht somit das Krankheitsrisiko.

Beispiel zu negativem Dauerstress

Familie Blumig hat zwei Briard-Rüden, „Zeus" und „Apollo". Apollo kam als Welpe zuerst in die Familie. Er ist ein etwas schüchterner und unsicherer Hund. Drei Jahre später kommt Zeus dazu, ein sehr temperamentvoller, selbstbewusster gleichaltriger Rüde. Alles scheint perfekt. Zeus tobt fast den ganzen Tag mit Apollo. Endlich hat Apollo einen Spielkameraden! Familie Blumig fragt sich, wieso man nicht schon viel früher einen Zweithund für Apollo ins Haus geholt hat. Zeus lebt sich sehr rasch in die Familie ein. Er will immer schmusen und fordert auch seine menschlichen Kameraden oft zum Spiel auf. Apollo wird durch Zeus' nette, anhängliche Art etwas zurückhaltender gegenüber den Blumigs. Die vergessen jedoch nicht, dass Apollo die älteren Rechte hat, und versuchen daher, ihm mehr Aufmerksamkeit zu schenken. Apollo genießt die Streicheleinheiten und Spiele mit seinen Menschen anscheinend auch, bekommt jedoch danach immer eine Abreibung von Zeus verpasst. Irgendwann lässt Zeus nicht mehr zu, dass Apollo als Erster von seinen Menschen gestreichelt wird und reagiert immer aggressiver auf den Rivalen. Blumigs finden Zeus' Verhalten ungerecht und schenken Apollo daher noch mehr Aufmerksamkeit. Sie setzen alles daran, beide Hunde gleich zu behandeln, damit keiner sich übervorteilt fühlt. Apollo verhält sich jedoch zunehmend merkwürdig. Teilweise entzieht er sich der liebevollen Zuwendung der Blumigs sogar. Zu einer ernsthaften Auseinandersetzung kommt es dann, als Frau Blumig einmal beide Hunde gleichzeitig streichelt. Zeus attackiert Apollo und der wehrt sich mit aller Kraft. Von da an ist es nicht mehr möglich, Zeus und Apollo zusammen in einem Raum zu halten.

Erklärung

Da Apollo nicht der sicherste Hund ist, nimmt der selbstbewusste Zeus schon bald die führende Rolle ein. Zeus klärt die Verhältnisse, anfangs ohne Aggression, im Spiel. Das Einfordern von Streicheleinheiten und Spiel mit den Blumigs dient dazu, seine Position auch von der restlichen Familie bestätigt zu sehen. Statt aber die Sozialstruktur der Hunde zu bestätigen, behandelt Familie Blumig die beiden „gleichberechtigt“. Vernünftigerweise sollte man die Rangordnungsverhältnisse akzeptieren, auch wenn sie unserer demokratischen Einstellung widersprechen. Das heißt, Zeus sollte als Erster und auch am meisten Aufmerksamkeit bekommen. Ratsam wäre es, z. B. bei Begrüßungssituationen zuerst ausgiebig Zeus, danach beiläufig Apollo und zum Schluss kurz nochmals Zeus zu begrüßen. Der Versuch der Blumigs, die Hunde auf eine Stufe zu stellen, löst Dauerstress für beide Hunde aus. Das, was die Hunde untereinander schon geklärt haben, bestätigt der Rest der sozialen Gruppe nicht. Vielmehr wird durch ihr Verhalten die Rangordnung der beiden Rüden nivelliert, teilweise sogar umgedreht, weil Apollo schließlich „die älteren Rechte“ hat.

Wenn man mehrere Hunde hat, sollte man sich auch einzeln mit jedem Hund beschäftigen, um mit jedem eine gute Beziehung aufzubauen.

Aggressionsstufen in der Kommunikation

Frau Dr. Dorit Feddersen-Petersen, Fachtierärztin für Verhaltenskunde an der Universität in Kiel, hat in einem Vortrag bei der Gesellschaft für Haustierforschung e. V. die unterschiedlichen Stufen von Aggression in der innerartlichen Kommunikation sehr gut beschrieben.
Als erste Stufe nennt sie das Drohen ohne Körperkontakt oder Drohen mit gelegentlichem Körperkontakt, wie z. B. Vorstoßen oder Anspringen.
Als zweite Stufe beschreibt sie das Drohen mit Körperkontaktaufnahme oder Drohen mit Körperkontakt und Einschränkung der Bewegungsfreiheit.
Auf der dritten Aggressionsstufe kommt es zur gehemmten oder auch ungehemmten Beschädigung. Bei frei lebenden Wölfen sieht man diese letzte Stufe, die ungehemmte Beschädigung, nur in seltenen Fällen innerhalb des eigenen Rudels. Eher würde so ein Verhalten gegenüber Eindringlingen ins eigene Territorium gezeigt werden, obwohl es auch da eine Ausnahme bleibt. Wölfe treffen nämlich nicht allzu oft auf Rudelfremde im eigenen Revier – im Gegensatz zu unseren Haushunden, die in der Regel das ganze Leben fast tagtäglich mit Rudelfremden konfrontiert werden.

Aggression gegenüber Menschen

Auch menschlichen Rudelgenossen gegenüber zeigt der Hund – einerseits durch schlechte Sozialisierung auf den Menschen, andererseits durch schlechte Kommunikation – häufiger Aggression mit ungehemmter Beschädigung. Manchmal täuscht man sich in diesem Punkt aber auch, einfach weil die menschliche Haut auch der gehemmten Beschädigung meistens nicht gewachsen ist und schon bei einer reinen (gehemmten) Korrekturmaßnahme verletzt werden kann. Ich möchte hier noch mal auf die auf den Seiten 38 und 48 beschriebenen Drohgesten hinweisen, die Ihnen helfen, schon die ersten Stufen der Aggression richtig zu deuten, sodass es gar nicht erst zu den weiteren Stufen kommen muss.

Bei Aggressionen gegenüber Menschen kann es aus Sicherheitsgründen notwendig sein die Doppel-Leine einzusetzen, um vorzubeugen, dass die Situation eskaliert.

Viele Menschen fragen mich, wie sie reagieren sollen, wenn sie vom eigenen Hund angegriffen werden. Ich kann nur sagen, dass es dafür kein Patentrezept gibt. Wie man auch eingreift oder sich wehrt, die Situation ist schon so weit eskaliert, dass sich die Beziehung nur verschlechtern kann. Besser sollte man bereits in einem frühen Stadium die Ursachen für das aggressive Handeln herauszufinden versuchen, um die Kommunikation so weit zu verbessern, dass die Bedürfnisse des Hundes gesichert sind und es deshalb keine Notwendigkeit mehr gibt, aggressives Verhalten zu zeigen.
Ich arbeite häufig mit extrem schwierigen Tierheimhunden. Dabei sorge ich in der Trainingssituation durch Sicherung mit einer Doppelleine stets dafür, dass der Hund mich nicht wirklich körperlich attackieren kann, damit ich mich nicht verteidigen muss. Wenn dies nämlich passieren würde, müsste auch ich

Die dritte Aggressionsstufe. Territorialstreit mit gehemmter Beschädigung.

Aggression (defensive Aggression) zeigen und würde somit das Problem noch verstärken. Weder ich noch der Hund würden hierdurch etwas gewinnen, sondern nur Vertrauen verlieren.

Hyper- und Hyposensibilität

Warum reagiert in einer bestimmten Situation der eine Hund schneller aggressiv als ein anderer, der unter fast den gleichen Umständen aufgewachsen ist? Natürlich kann das durch einen Unterschied in der Instinktveranlagung (z. B. Territorialinstinkt) bedingt sein. Ein stark territorial veranlagter Hund wird logischerweise früher territoriale Aggression zeigen als ein Hund, der diese Veranlagung kaum hat.
Es gibt aber noch eine andere Erklärung: Der eine Hund ist sensibler als der andere. Je sensibler ein Hund ist, desto stärker reagiert er meist auf Umweltreize. Meiner Meinung nach sind bei bestimmten Rassen zunehmend Aggressionsprobleme zu erwarten, weil viele Vertreter dieser Rassen hypersensibel sind. Solche Hunde fühlen sich schneller in ihren Basissicherheiten bedroht als Hunde, die hyposensibel, sprich: weniger gefühlig, sind.
Die hyposensiblen Hunde stellen jedoch bei der Zucht ebenfalls ein Problem dar, weil fehlende Sensibilität es mit sich bringt, dass das Tier sich weniger sozial beeinflussen lässt. Wenn man selbst z. B. eine sehr hohe Schmerzgrenze hat, wird man sich nicht so gut auf die niedrige Schmerzgrenze eines anderen einstellen können. Hyposensible Hunde machen häufig einen recht coolen Eindruck. Fast nichts kann sie aus der Fassung bringen, was diese Hunde auch weniger traumaempfindlich macht. Wenn bei diesen Tieren allerdings eine bestimmte Grenze überschritten wird, greifen sie auch ohne Hemmung ein.
Bei der Zucht von Haushunden sollte man daher beide Extreme ausschließen.

Lebenswelten von Mensch und Hund

Es ist wichtig, sich klar zu machen, dass der Hund aufgrund seiner Veranlagung und seiner früheren Rolle im Ökosystem die Welt anders wahrnimmt als wir Menschen.

Unterschiede im hündischen und menschlichen Jagdrevier

Ein Spaziergang im Wald

Wenn wir Menschen mit unserem Hund durch den Wald spazieren, genießen wir die frische Luft, die Schönheit des Waldes und die munteren Vogelstimmen. Unser Hund dagegen beachtet eher die „schmutzige" Luft – Hinterlassenschaften von potenzieller Beute und Artgenossen. Die Schönheit des Waldes ist ihm weniger wichtig. Wir genießen die Ruhe –unser Hund freut sich über Geräusche wie das Rascheln des Laubes, das Piepsen einer Maus, den Territorialruf eines Fasans usw. Wir finden es entzückend, zu beobachten, wie ein Eichhörnchen sich eine Haselnuss in die Backen steckt und einen Baum hochklettert – der Hund verscheucht das possierliche Tierchen nicht, wie viele Menschen denken, sondern würde am liebsten dafür sorgen, dass das Eichhörnchen niemals wieder einen Baum erreicht. Während wir uns mehr und mehr entspannen, wird es für den Hund immer spannender. Wir laden unsere Batterie neu auf, das hat unser Hund aber bereits zu Hause getan. Nun möchte er gern seine Energie entladen und etwas Sinnvolles tun. Wir Menschen gehen frisch und munter wieder nach Hause – der Hund dackelt enttäuscht hinter uns her. Und dabei meinen wir noch, Waldi sei nun ebenfalls richtig zufrieden.

Mensch und Hund gehen getrennte Wege.

Das „Hunde-Casino“: Beutestreit wird unter den drei Hunden mit einem Zweig geübt.

Wir bedenken nämlich nicht, dass er jagen möchte und dass Schnuppern nur die Vorarbeit dazu ist. Wir Menschen kommen nicht zum Jagen in den Wald, unser Hund also auch nicht. Wenn der Hund plötzlich zwischen den Bäumen verschwindet, sagen wir, er sei „abgehauen“. Das sieht jedoch nur aus unserer Perspektive so aus. Der Hund haut nämlich nicht ab, sondern er geht gezielt irgendwohin. Oder erklären Sie Ihrem Kind auf die Frage, wo die Mama ist, dass sie abgehauen sei, wenn sie kurz im Supermarkt einkaufen ist? Wir empfinden das „Abhauen“ des Hundes als unsozial, obwohl der Hund das genau andersherum sehen wird. Erst wenn wir ihm schreiend hinterlaufen, erweisen wir uns aus seiner Perspektive als einigermaßen passabler Jagdkumpel. Endlich sind auch wir sicht- und hörbar in Jagdekstase geraten!

Jagdverhalten in der Stadt

Menschen zeigen zeitweise auch in der Stadt reges Jagdverhalten. Zu bestimmten Jahreszeiten, wie im Sommer und Winter, kommen sie in Riesenmeuten zusammen und machen Jagd auf so genannte Schnäppchen. Das Motto lautet: „Jeder für sich, Gott für uns alle.“ Ja, sogar Beutestreit sieht man in Geschäften in heftigen Formen auftreten. Da kloppen sich zwei Frauen um ein und dieselbe Unterhose – mit dem Ergebnis, dass sie auf einmal für beide zu groß ist und statt drei plötzlich vier Löcher hat. Am Ende der Meutejagd zeigt man seinen Bekannten und Verwandten stolz die Jagdtrophäen. Auch der typische Stadthund freut sich über jeden Jahrmarkt, zu dem er mit darf und wo er z. B. Häppchen statt Schnäppchen vom Boden sammeln kann.

Im Wald

Der Hund ist im Wald hauptsächlich mit Nahrungssuche beschäftigt – wir Menschen nur ausnahmsweise, z. B. im Spätsommer, wo auch verschiedene Menschen im Wald Suchverhalten zeigen. Anfangs sieht man, dass der Hund erfreut reagiert, weil sich unser latentes Jagdverhalten nun doch etwas manifestiert hat. Deshalb folgt er haarfein unseren Aktivitäten – bis er bemerkt, dass wir die falschen Bären jagen, nämlich keine Brummbären, sondern „Brombären".

„Jackpot": Der Gewinner zeigt den „Stinkefinger" und macht sich mit der Beute davon.

Er wird uns diesen Unsinn nicht übel nehmen, aber sich etwas Besseres suchen. Wenn unser Hund dann genüsslich dabei ist, Pferdeäpfel zu fressen, nehmen wir Menschen ihm das unfairerweise krumm. Warum unfair? Weil wir wieder nur unsere Sichtweise akzeptieren. Wir dürfen suchen und zugreifen. Das Suchverhalten (Herumschnuppern) des Hundes finden wir auch noch in Ordnung. Sobald er aber etwas gefunden hat, soll er es gefälligst liegen lassen – jedenfalls meistens.
Einen Stock darf er nämlich aufnehmen. Wir Menschen machen uns keine Gedanken darüber, welche Bedeutung das Spiel mit einem Zweig oder Ball für den Hund haben kann. Für uns hat so ein Zweig keine Bedeutung. Genauso wenig wie der Hund sich Gedanken macht, ob wir im Spielcasino schon fünftausend von diesen bunten Scheinen verloren haben. Das ist nur Papier und mehr als unwichtig. Genau dies trifft den Unterschied zwischen Mensch und Hund: Der Hund kann nicht abstrahieren, er denkt nur konkret, außer bei Objekten, die als Beuteersatz nutzbar sind. So stellt der Hund sich einen Zweig als Knochen vor, auf dem man herumknabbern kann und der deshalb sein Einsatz im hündischen Casino ist, wenn er mit Sozialpartnern spielt.

Menschen machen beim Joggen Jagd auf abstrakte Beute, wie Gesundheit und eine gute Figur. Welche Jagdziele würde ein Hund beim Joggen wohl im Kopf haben?

Hunde denken konkret, im Hier und Jetzt. Würde man beispielsweise hier einen Lappen Pansen und dort zehntausend Euro hinlegen, dann würde der Hund den Pansen nehmen. Wir Menschen haben so eine Vorstellungskraft, dass wir wertlosen Gegenständen wie ein paar Blättchen Papier einen Riesenwert geben können. So jagen wir Menschen jeden Tag aufs Neue nach für den Hund völlig abstrakter und deshalb nicht nachvollziehbarer Beute. Unsere Jagdtrophäe ist z. B. ein besserer Job, der unseren Jagderfolg erhöhen wird. Wir jagen ein größeres Haus, ein dickeres Auto usw.
Früher haben die Männer der Urmenschen am Lagerfeuer mit ihren Jagdtrophäen angegeben. Der eine hat gesagt: „Mein Hund hat heute zwei Hasen gefangen." Der zweite Mann sagt etwas schmunzelnd: „Das ist doch nichts. Meiner hat ein Reh gestellt und getötet." Der dritte setzt natürlich noch obendrein und sagt: „Mein Hund hat „Turbo" und wir haben gemeinsam einen Eber erlegt."
Heutzutage würde das Gespräch in der Kneipe unter den drei Männern etwas anders aussehen. Da würde darüber geredet werden, wer den Größten hat. Der eine sagt: „Meiner ist richtig groß, da kann ich problemlos 20 Kästen Bier drin verstauen." Der zweite sagt: „Ich kann meinen so richtig ausfahren, bis zu 190 km." Der dritte sagt: „Meiner ist lang und trotzdem spritzig, er ist unheimlich schnell von 0 auf 100." Da kommt ein vierter hinzu, der einen Mini hat. Er sagt: „Meiner ist zwar klein, aber unheimlich wendig und ich parke ihn überall wo ich will."

War früher der Hund entscheidend für die Status-Unterschiede ist es heutzutage so etwas wie ein Auto. Auch nicht materielle Beute wird von uns Menschen gejagt. So joggen wir z. B., und weil auch der Mensch kein Bewegungsbedürfnis um der Bewegung willen hat, werden über das Joggen die unterschiedlichsten Ziele (abstrakte Beute) angestrebt. Eine bessere Gesundheit, eine schlankere Figur, eine schnellere Zeit, ja, sogar ein kleines rundes Stück Metall (Medaille) kann hier die Jagdtrophäe sein. Wenn Sie versuchen, einem Yanomami-Indianer aus Südamerika zu erklären, dass Sie Sport treiben und 42 km gejoggt sind, wird er fragen: „Und, gute Beute gemacht?" Wenn Sie dann antworten: „Nee, aber es hat Spaß gemacht", denkt der Indianer, dass Sie nicht mehr normal sind.
In unserer Kultur werden die Endorphine, die beim Joggen ausgeschüttet werden, fälschlicherweise „Glückshormone" genannt. Es sind jedoch die gleichen Hormone, die bei der Jagd der Yanomami-Indianer dazu führen, dass diese sich besser auf die Beute konzentrieren können, weniger Schmerzen spüren und dadurch das Gefühl haben, endlos weiterjagen zu können. Dieses biologische Prinzip ist bei der Jagd von Naturvölkern noch immer überlebenswichtig, ganz konkret. Ob man dabei Schwein hat und deshalb zufrieden sein kann, bleibt abzuwarten. Ich persönlich würde die Endorphine jedenfalls eher „Mammutjagdhormone" nennen.
Es gibt natürlich noch einen anderen Grund, weshalb Menschen gut joggen können, nämlich die Flucht.

Man sollte seinen Hund unterwegs auch auf andere Weise beschäftigen als mit Fahrrad fahren.

Wahrnehmung des territorialen Umfelds von Hund und Mensch

Flucht

Vor vielen Jahren sind ein paar Freunde und ich aus einer Diskothek im Nachbardorf geflüchtet, weil es sonst eine Klopperei gegeben hätte. Wir hatten nämlich mit ein paar Mädchen aus dem Dorf getanzt, was die Jungs aus diesem Dorf anscheinend nicht so witzig fanden. Hier war die Aggression einerseits sexuell, andererseits territorial motiviert.
Nun bin ich nicht besonders territorial veranlagt und habe mich daher ohne Probleme getraut, einen kleinen Teil meines Nachbarlands Deutschland in Besitz zu nehmen, um mich dort niederzulassen. Ja, ich habe mir in diesem Land sogar meine Lebensgefährtin, eine typische Vertreterin des germanischen Stammes, ausgeguckt, ohne dass es dabei zu Stammesauseinandersetzungen gekommen wäre. Sie sehen, es gibt auch grenzenlose Liebe.
Abgesehen von wenigen Ausnahmen muss man die Spezies *Homo sapiens* aber doch als ein stark territorial orientiertes Säugetier sehen. Einen destruktiveren und tödlicheren Territorialstreit, als wir Menschen ihn uns liefern können, gibt es wohl bei keinem anderen Säugetier. Die extremste Form solcher Territorialstreitigkeiten ist der Krieg, eine der milderen Formen ist ein Territorialspiel wie z. B. Fußball. Denken Sie nur an die Fußballspiele zwischen Deutschland und den Niederlanden.

Alltägliche Formen des Territorialverhaltens beim Menschen

Eine alltägliche Form des Territorialverhaltens des Menschen ist das Verhalten an der Haustür. Warum haben wir überhaupt eine Türklingel? Natürlich, weil wir nicht wollen, dass jeder so ohne weiteres in unser Haus eindringt. Damit wird dem Besucher klar gemacht, dass es vom Herrn oder der Dame des Hauses

Der Staffordshire Terrier macht klar: „Raus aus meinem Revier.“

abhängt, ob er die Wohnung überhaupt betreten darf. Wir können uns als Besucher auch nicht alles herausnehmen, weil wir wissen, dass wir uns im Territorium eines anderen befinden. Deshalb benehmen wir uns (hoffentlich) anders als zu Hause. Außer dem Eingangsbereich vom Zentrum unseres Territoriums, dem Haus, markieren wir auch die Grundstücksgrenze. Dort werden Zäune gesetzt, Hecken gepflanzt, und so wie ein Bauer auf seinem Acker Vogelscheuchen aufstellt, sieht man kleine Zwerge im Vorgarten, die vermutlich unerwünschte Eindringlinge abschrecken sollen. (Das mit den Zwergen ist natürlich nicht so ernst gemeint.) Den Geräuschpegel der Nachbarn empfinden wir sehr häufig bereits als Verletzung unserer territorialen Rechte.

Denken Sie auch einmal über folgende Verhaltensweise nach: In einem kleinen Dorf parkt ein Fremder sein Auto. Da das Auto hier bislang noch nie gesehen wurde, schauen viele Dorfbewohner aus dem Fenster, fragen sich, wer das wohl sein mag, was er hier zu suchen hat, und beobachten sein Verhalten. Am nächsten Morgen sprechen zwei Nachbarinnen beim Kaffee darüber, was der unbekannte Mann wohl bei Frau Müller gewollt hat. Sie wissen ganz genau, wann er gestern Abend weggefahren ist. Eine Kombination aus territorialer und sozialer Kontrolle. Territorialverhalten in Miniform ist beispielsweise das Abgrenzen eines Gebietes in einer öffentlichen Umgebung. Dazu möchte ich gern ein Beispiel aus meiner Seminargruppe mit Hundeerziehungsberatern anführen. Obwohl die Seminare morgens immer erst um zehn Uhr beginnen, stand einer der Seminarteilnehmer jeden Morgen gegen halb neun vor unserer Tür. Sein Verhalten war immer das gleiche. Nachdem er uns froh gelaunt einen wunderschönen guten Morgen gewünscht hatte, ging er zielstrebig in den Seminarraum hinein, legte seine Schreibmappe auf die immer gleiche Stelle des Tisches, hängte seine Jacke über die Rückenlehne des entsprechenden Stuhles und breitete die Hundedecke hinter „seinem" Stuhl aus. Sein Sitzplatz war eine Position mit Überblick über den ganzen Raum, Rücken und Flanken strategisch gut geschützt durch Theke, Fenster und Wand. Direkt nach dem „Markieren" seines Platzes verließ er das Haus und war pünktlich zum Seminarbeginn mit seinem Hund wieder vor Ort. Die Ausbildungsreihe umfasst 16 Wochenendseminare. Nach schätzungsweise vier Seminaren hätte sich vermutlich kein Mensch mehr getraut, „seinen" Platz zu belegen, trotzdem blieb sein Territorialverhalten beständig.

Flucht. Auch hier hat Bewegung eine existentielle Bedeutung.

„Niemandsland" bei Menschen

In der Regel ist das Territorialverhalten in öffentlichen Räumen allerdings deutlich geringer als im privaten Bereich. Solche Räume sind mehr oder weniger „Niemandsland" und stehen der Allgemeinheit zur Verfügung. Seltsamerweise gehen Menschen in öffentlichen Räumen (Bahnhöfe, Festsäle, Badeseen usw.) weniger sorgfältig mit den Einrichtungen und Materialien um, als sie das zu Hause tun würden. Anscheinend haben wir hier völlig andere Normen und Werte. Auf Bahnhofstoiletten werden die eigenen „Markierungen" nicht weggeputzt, in Festzelten werden ungeniert Zigarettenkippen und Glasscherben auf dem Boden hinterlassen und Badeseen verwandeln sich rasch in Müllhalden. Wenn man bei jemandem zu Besuch ist, benimmt man sich in der Regel entsprechend den Normen und Werten des Hausherrn, aus Respekt vor seinem Territorium. Da es in öffentlichen Räumen keinen klar definierten Hausherrn gibt, verliert man die normale territoriale Hemmung, weil kein Artgenosse direkt in seinen territorialen Rechten verletzt wird.

Der Dingo auf der Suche in seinem Jagdrevier. Auch hier geht es wieder um Ressouren. In diesem Fall: Nahrung.

Verteidigung von Ressourcen

Beim Territorialverhalten des Menschen geht es, wie beim Hund auch, um die Verteidigung von Ressourcen. Mal ehrlich: Geht es einem Land wirtschaftlich sehr gut – sprich: ist ausreichend Beute vorhanden –, dann sind ausländische Arbeitnehmer willkommen. Ist dagegen die wirtschaftliche Lage ein Desaster, sind also die Basissicherheiten (z. B. Arbeitsplätze) gefährdet, wächst der Widerstand gegen den Aufenthalt von ausländischen Arbeitskräften. Wir wissen, dass um Ressourcen ganze Kriege geführt werden.

Das moderne Leben der Menschen

Das Leben des modernen Menschen wird mit wachsender Weltbevölkerung zunehmend komplexer. Hat der Urmensch früher in Familienclans in einem so großen Territorium gelebt, dass er die Nachbarn nur selten an der Peripherie getroffen hat, so leben heutzutage unterschiedlichste Kulturen auf ständig engerem Raum zusammen. Dies bringt dem modernen Menschen viel sozialen und territorialen Stress ein und macht ständig neue Regeln und Verordnungen notwendig, um hiermit klarzukommen. Dadurch gerät das natürliche Sozial- und Territorialverhalten mehr und mehr in den Hintergrund und wird durch gesellschaftlich und kulturell auferlegte Normen und Werte ersetzt. Der Stress erwächst aus der Diskrepanz zwischen der menschlichen Natur einerseits und den davon entfremdeten gesellschaftlichen und kulturellen Gegebenheiten andererseits.
Ich hoffe, dass ich durch die angeführten Beispiele veranschaulichen konnte, dass auch wir Menschen einen ausgeprägten Territorialinstinkt haben. Umso verwunderlicher ist es, dass wir den territorialen Instinkt unseres Hundes so wenig wahrnehmen und so gar kein Verständnis dafür haben.

1

2

3

1) Vorsichtig tastet sich der rechte Saarloos heran, da sein Interesse an der Beute des anderen geweckt worden ist. Der linke Saarloos signalisiert mit seinem linken Ohr, dass ihm dies nicht entgangen ist.

2) Er stellt sich über die Beute und knurrt auf defensive Weise (Rute herunter, Beine etwas eingeknickt, Ohren etwas zurückgezogen). Darauf blufft der rechte Saarloos durch Imponierverhalten (Ohren nach vorne, stramme Beine, nach unten schauend mit erhobener Rute).

3) Der Hund bringt seine Beute in Sicherheit. Für Haushunde ist es in solchen brenzligen Situationen vernünftiger, wenn der Mensch die Nahrungsressourcen sichert.

Das moderne Leben der Hunde

Auch der Hund lebt in einer viel komplexeren Welt als der Wolf in der Natur. Eine natürliche Haltung von Hunden ist in unserer Gesellschaft heutzutage schier unmöglich. Auch hier entwickeln sich durch eine ständig wachsende Population von Hunden immer mehr Verordnungen und Gesetze.
Im Gegensatz zu seinem Urvater, dem Wolf, muss der moderne Hund sein Territorium das ganze Leben mit rudelfremden Artgenossen teilen. Da ein Territorium symbolisch für Überlebensressourcen steht, kann man sich vorstellen, dass das für normal territorial veranlagte Hunde äußerst problematisch ist. Sie empfinden die zum Überleben dienenden Ressourcen als bedroht, und wie Sie mittlerweile wissen, kann diese negative Spannung zu erhöhter Aggression führen.
Jetzt denken Sie vielleicht: Das verstehe ich nicht. Unsere Hunde bekommen heutzutage meist so viel Nahrung, dass sie eher zu wohlgenährt sind, als dass sie Angst um ihr Überleben haben müssten. Damit Sie sich ein besseres Bild von den biologischen Bedürfnissen unserer Hunde machen können, möchte ich,

dass Sie sich vorstellen, Ihre Existenz hänge vom Kapital Ihres Vaters ab, da Sie selbst keinen richtigen Beruf erlernt haben, also „Sohn" von Beruf sind. Dieses Gefühl, nicht wirklich fit genug zu sein, um eigenständig Ressourcen herbeizuschaffen, führt zu Unzufriedenheit und Frust. Die Ressourcen Ihres Vaters sind für Sie nur so etwas wie ein gefundenes Fressen und Ihre existenzielle Unsicherheit steigert sich, wenn Ihr Vater sein Rentenalter erreicht und deshalb die finanziellen Ressourcen womöglich geringer werden könnten. Jedes Lebewesen, so auch unser Hund, hat ein biologisches Bedürfnis, zu lernen, wie man (Nahrungs-)Ressourcen herbeischafft, sprich: fit genug zum Überleben zu sein. Diese Fitness kann man nicht mit einem gut gefüllten Futternapf zu Hause kompensieren.
Wirklich merkwürdig finde ich es, dass bei Auseinandersetzungen zwischen zwei rudelfremden Hunden immer wieder die Rede davon ist, dass im Streit wohl die Rangordnung untereinander geklärt werde. Die Streitigkeiten zwi-

„Er möchte zu jeder Person hin." Auch wenn es dem Hund hier Stress bereitet, muss er checken, ob der Fremde eine potentielle Bedrohung darstellen könnte.

schen Rudelfremden haben meistens nichts mit dominanter oder submissiver Rollenverteilung zu tun, also mit der Eingliederung in die eigene soziale Gruppe, sondern eher mit der Diskussion, wem das Territorium gehört. Natürlich treten hier extreme kommunikative Schwierigkeiten auf, da es Hunde(rassen) gibt, bei denen die Territorialität im Vordergrund steht, und solche, bei denen eher der Jagdinstinkt ausgeprägt und die Territorialität fast nur noch latent vorhanden ist. Hierzu möchte ich nochmals auf das Beispiel am Anfang des Buches (Hovawart und Golden Retriever) verweisen. Je näher am Zentrum des Territoriums, der so genannten Sicherheitszone (Grundstück oder Haus), solche Auseinandersetzungen stattfinden, umso aggressiver kann ein Hund werden. Dieses biologische Phänomen kann man auch bei Kriegen beobachten. Über die Grenze in das zu erobernde Land einzudringen ist in der Regel einfacher, als das Zentrum des Landes, die Hauptstadt, zu erobern, was meist zum heftigsten Widerstand führt. Beispiele hierfür sind Belfast, Berlin, Prag und Bagdad.
Das Territorialverhalten des Hundes ist also in direkter Nähe des Zentrums, am Gartentor oder der Haustür, am heftigsten. Leider werden sehr viele Vorstufen

Eine Konfrontation mit einem Hund aus Pappe. Die plötzliche Begegnung erschreckt den großen Schweizer-Sennenhund-Mix. Sein hochgezogener Rücken und seine extrem durch gestreckten Beine machen klar, dass er seine Angst mit Bluff-Verhalten vertuscht.

von territorialem Verhalten nicht als solche wahrgenommen. So wird ein junger Hund, der im Alter von sechs Monaten keinen Mucks von sich gibt und auf sicherer Distanz zu Besuchern bleibt, meistens für unproblematisch gehalten, weil er scheinbar nicht territorial veranlagt ist. Dabei zeigt sein Verhalten, dass Besuch für ihn eine problematische, Stress verursachende Situation ist. Andere Hunde verhalten sich zwar gegenüber den eigenen Familienmitgliedern an der Haustür eher ruhig. Bekannten und Verwandten gegenüber sind diese Hunde dann aber schon etwas aktiver in ihrem „Begrüßungsverhalten“, und seltsamerweise sind sie „total begeistert“, wenn ein völlig Fremder vor der Tür steht. Das sollte uns Menschen eigentlich zu denken geben: Welche Bedeutung könnte so ein Verhalten haben? Da das Verhalten uns jedoch (noch) keine Probleme bereitet, brauchen wir es anscheinend nicht ernst zu nehmen. Wie sieht es denn bei Ihnen selbst aus? „Freuen“ Sie sich auch am meisten, wenn ein total Unbekannter bei Ihnen läutet?

›››

1

2

8

7

Die Rottweiler-Staffordshire-Mix-Hündin sieht Jan als mögliche Bedrohung für ihre Besitzerin. Bei der Begrüßung funkt sie sofort dazwischen und stupst Jan am Bein an. Das frontale Anspringen wird viel zu oft nur als freudige Begrüßung gesehen. Stattdessen ist dies eher eine klare Warnung. Die Hündin zeigt durch das Festnehmen von Jans Hand, dass sie sich, wenn es hart auf hart kommt, durchsetzen würde. Auf Bild 7 springt die Hündin gezielt in Richtung von Jans Hand, die Kontakt mit ihrer Besitzerin hat. Am Züngeln auf dem letzten Foto sieht man, dass Jans Entscheidung, das Händeschütteln zu beenden, gerade rechtzeitig kam. Die Hündin möchte sagen: „Bleib von Frauchens Leib weg.“

‹ ‹ ‹

Territoriales Markieren

Viele Menschen müssen erst eine halbe Stunde mit ihrem Hund Gassi gehen, bevor er endlich kotet. Der Mensch ist froh, dass er einen Hund hat, der den eigenen Garten nicht beschmutzt. Der Hund ist sogar so reinlich, dass er beim Koten auf Abstand zu seinem Besitzer geht, damit der die übel riechenden Gase nicht in die Nase bekommt. Andere Menschen wiederum haben Hunde, mit denen sie eine Stunde spazieren gehen, damit diese endlich Pippi und Häufchen machen. Nach einer Stunde kommt man wieder nach Hause (außer Pippi nichts gewesen), und siehe da, das Erste, was der Hund macht, ist ein dicker Haufen im Vorgarten. Verärgert räumt man diesen weg. In den Urlaub mitgenommen, koten sehr viele Hunde die ersten zwei Tage gar nicht. Auch wir Menschen verkneifen es uns in den ersten Urlaubstagen.

Territoriales Markierverhalten bei Menschen?

Ich frage mich, ob vielleicht das Pinkeln und Koten von Menschen früher auch einen territorialen Stellenwert gehabt hat. Tatsache ist, dass überall in der Welt Jungs ab einem bestimmten Alter Wettkämpfe austragen, wer am höchsten gegen eine Wand pinkeln kann. Andere Hinweise finde ich auf der Männertoilette – ich bin nun mal ein Mann. Immer wieder erlebe ich, wenn ich mich an ein Urinal stelle, dass der Mann neben mir zwar offenbar vorgehabt hat, sich zu lösen, es aber anscheinend nur schafft, wenn er sich hinter eine Tür zurückzie-

Sowohl Mensch als auch Hund markieren das eigene Terrain. Jeder auf seine eigene Art.

hen kann. Außerdem beobachte ich häufig, dass Männer beim Pinkeln ein Bein anheben, um damit auf den Zehenspitzen zu stehen. Und haben Sie schon mal überlegt, wieso ein Mann gezielt einen Baum sucht, um dagegen zu pinkeln? Oder eine in der Keramik moderner Urinale abgebildete Fliege zu treffen versucht? Der Effekt von Letzterem ist jedenfalls, dass der Boden weniger schmutzig wird. Auch innerhalb der Homöopathie gibt es Thesen, nach denen Blasenprobleme auf territoriales Unwohlfühlen zurückzuführen sind. Soweit es uns Menschen angeht, lasse ich diese Thesen mal im Raum stehen.
In Bezug auf den Hund möchte ich Ihnen die geschilderten Beispiele gern erläutern. In unserer Gesellschaft herrscht die Überzeugung, dass Hunde erst Bewegung haben müssen, bevor sie koten können. Der Hintergrund ist allerdings ein anderer: Der Hund, der nur während eines Spazierganges kotet, möchte seinen Kot benutzen, um rudelfremden Hunden seine territorialen Rechte anzuzeigen. Da selten rudelfremde Hunde im eigenen Garten auftauchen, würde der Kot dort nur wenig Sinn machen. Dass der Hund sich beim Koten von der Bezugsperson entfernt, hat mit seinem Verantwortungsgefühl zu tun. Da Kot nun mal stark riecht, könnten dadurch rasch rudelfremde Hunde angelockt werden. Das Verhalten dient also dazu, die eigenen Gruppenmitglieder nicht in Gefahr zu bringen. Man könnte dies als sozial-parentales Verhalten deuten. Der Hund hingegen, der am liebsten im eigenen Garten kotet, hat das Gefühl, außerhalb des Gartens möglicherweise keine territorialen Rechte zu haben, und will auf diese Weise territorialen Konflikten vorbeugen. Im Urlaub tasten sich viele Hunde vorsichtig an das fremde Terrain heran und möchten erst checken, wie sicher die Lage ist. Haben Sie sich schon mal überlegt, was der Hund wohl von uns halten muss, wenn wir uns, um unsere Notdurft zu verrichten, in unserer Wurfhöhle Haus in einem sehr kleinen Raum verkriechen, wo uns bloß keiner sehen oder riechen soll? Wir Menschen müssen wohl richtige Schisser sein.
Sie können sich mittlerweile vorstellen, dass territorial veranlagte Hunde schneller stubenrein werden, da das Koten und Pinkeln für sie sowieso schon eine Riesenbedeutung hat. Hunde dagegen, die kaum territorial veranlagt sind, sehen das alles nicht so eng. Sie stufen territoriale Situationen weniger schnell als bedrohlich ein und für sie ist das Pinkeln oder Koten daher viel weniger bedeutsam. Sie haben in der Regel keine Probleme damit, im Territorium eines anderen zu pinkeln oder zu koten.

WICHTIG

Zusammenfassend kann man sagen, dass die Territorialveranlagung sehr entscheidend dafür ist, wie man seine Umwelt wahrnimmt und was man als bedrohlich oder weniger bedrohlich einstuft.

„Niemandsland" bei Hunden

Vor allem im territorialen Verhalten von Durchschnittsstadthunden gibt es einen ähnlichen Effekt in Gebieten (wie einem großen Stadtpark oder einer großen Hundespielwiese), die man als „Niemandsland" bezeichnen könnte. Weil dieses Terrain für Hunde ziemlich ähnlich aussehen muss wie für uns Menschen eine Bahnhofstoilette – der eigene Geruch wird schnell von anderen Gerüchen überlagert –, gehört es wohl keinem so richtig. Daher ist das Pinkeln und Koten hier von weniger starker Bedeutung und man sieht an solchen Orten weit weniger Territorialstreitigkeiten.

Viele Hunde entfernen sich weiter weg von der eigenen Bezugsperson, wenn sie koten.

Wahrnehmung des sexuellen Umfelds von Hund und Mensch

Im Allgemeinen ist das Sexualverhalten von Hunden in einer eher juvenilen Entwicklungsphase stehen geblieben. Bei jungen Wölfen gibt es nämlich noch keine feste Beziehung mit einem Partner des anderen Geschlechts, mit dem Ziel, sich zu vermehren. Vielmehr sind junge Wölfe in einer sexuellen Experimentierphase, in der sie wechselnde Kontakte haben. Das erklärt, warum viele Haushunde im Prinzip jeden andersgeschlechtlichen Artgenossen als potenziellen Sexualpartner sehen können. Im Gegensatz zu ihrem Urvater Wolf sind viele Haushunde nicht sehr partnertreu. Das kann unterwegs bei der Begegnung mit anderen Hunden zu unterschiedlichen Reaktionen führen. Ist der andere ein potenzieller Sexualkonkurrent oder ein möglicher Partner? Als Reaktion auf Letzteren kommt es statt zu territorialen Spannungen eher zur „Tanzaufforderung“. Wie bereits im zweiten Kapitel erwähnt, hat der Tanz mit dem anderen Geschlecht auch bei Menschen seinen Ursprung in der Balz. Und auch beim *Homo sapiens* gibt es Exemplare, die über die juvenile Phase nie hinauskommen.

Ein zusammenlebendes Hundepärchen

Das Zusammenleben eines Hundepärchens kann einerseits zu einer stärkeren Partnerbindung führen und somit eine Bereicherung für die Hunde darstellen. Andererseits kann dies bei der Begegnung mit eventuellen Sexualkonkurrenten zu ernsthafteren Auseinandersetzungen führen.

Partnerbindung von Hund zu Mensch

Zwischen Hund und Mensch kann sich mangels eines arteigenen Sexualpartners auch so etwas wie eine Partnerbindung entwickeln. Vielleicht denken Sie mal darüber nach, warum viele Rüden anderen Rüden gegenüber aggressiver reagieren, wenn sie mit Frauchen unterwegs sind, als wenn Herrchen mit ihnen seine Runde dreht. Wir Menschen erklären uns das häufig mit der stärkeren Körperkraft und dem größeren Durchsetzungsvermögen der Männer. Obwohl dies tatsächlich eine Rolle spielen kann, hat doch die Partnerbindung den größten Einfluss auf das Verhalten. Lesen Sie hierzu auch noch mal über die reproduktionsmotivierte Aggression nach (Seite 84). Olfaktorische Reize spielen auch in der Sexualität unserer Hunde eine wichtige Rolle. So registrieren Rüden, dass Frauchen anscheinend sehr reproduktionsfähig ist, da sie jeden Monat „läufig“ wird. Der Hund riecht sogar schneller als Herrchen, dass Frauchen paarungsbereit ist. Hoffentlich macht Ihnen das keine Kopfschmerzen!

Partnerbindung zwischen Hündin und Mann

Dass eine Partnerbindung auch von einer Hündin zu einem Mann aufgebaut werden kann, habe ich selbst in den Anfangsjahren meiner Hundezucht erfahren. Mit einem guten Freund bin ich mit meiner deckbereiten Leonberger-Hündin „Laya" nach Frankreich zu einem Deckrüden gefahren. Alle amourösen Aufforderungen des Rüden wurden von Laya ignoriert – bis der Deckrüdenbesitzer mir sagte, dass die Sache in meiner Anwesenheit wohl nicht klappen werde, da sich meine Hündin ausschließlich mir gegenüber präsentiere. Obwohl ich an seiner Erklärung zweifelte, entschloss ich mich, das Grundstück zu verlassen, und bat meinen Freund, darauf zu achten, dass meine Hündin nicht gegen ihren Willen gedeckt würde. Er sollte mich rufen, sobald beide Hunde hingen. Keine zehn Minuten später holte er mich zurück und ich habe gerade noch die letzten Minuten des Hängens als Zeuge mitbekommen.

Sexualkonkurrenz unter Menschen

Jeden Morgen bin ich mit meinem besten Freund zusammen mit dem Fahrrad zur Schule gefahren. In unserer Klasse war ein dunkelhaariges Mädchen, das ich sehr mochte. Auch mein Freund hatte großes Interesse an ihr, was mir jedoch ebenso wenig klar war wie anscheinend dem Mädchen. Irgendwann fanden wir beide zusammen – meine allererste Freundin! Doch nie werde ich

Austausch von Zärtlichkeiten innerhalb des Zusammenlebens eines Hundepärchens stärkt die Partnerbindung.

den nächsten Tag vergessen, an dem ich meinen Freund wie immer zu Hause abholen wollte, um gemeinsam zur Schule zu radeln. Er hat mich völlig ignoriert und ist statt neben mir in einem Affenzahn vor mir zur Schule gefahren. Als ich ihn fragte, was denn los sei, kam keine Reaktion. Er hat nie wieder ein Wort mit mir gewechselt, auch nicht, als die Beziehung mit dem Mädchen längst beendet war.

Sofern sexuelle und territoriale Konkurrenz gleichzeitig eine Rolle spielen, fliegen oft die Fetzen.

Sexualkonkurrenz unter Hunden

In einem sozialen Rudel sind es in der Regel die ranghöchsten Tiere, die sich fortpflanzen. Nur wenn Nahrungsressourcen im Übermaß vorhanden sind, kann ausnahmsweise auch eine subdominante Hündin fast gleichzeitig mit der ranghöchsten Nachwuchs bekommen. In der Natur gibt es diesen Luxus allerdings selten. Die Beta-Hündin wird später eher die Rolle des „Kindermädchens" einnehmen.

Sexuelle Frustration bei Hunden

Wie bereits bei der Wahrnehmung des territorialen Umfelds beschrieben, müssen sich unsere Hunde einen ständig enger werdenden Raum mit ihren Artgenossen teilen. Das führt dazu, dass unsere Hunde häufiger, als wir denken, sexuell gereizt werden. Ein Hund ist eben kein Neutrum. So riecht ein Rüde sofort, wenn in der Nachbarschaft bei einer oder mehreren Hündinnen die Läufigkeit beginnt. Das kann seine Gedanken so beherrschen, dass er nicht mal mehr ans Essen denkt. Wenn dies der Fall ist, ist er arm dran. Er ist dann nämlich schon maßlos sexuell frustriert.
Auch das Wort Läufigkeit hat seinen Ursprung nicht unbedingt darin, dass eine Hündin, wenn sie die Hitze hat, vor ihrem Sexualpartner weglaufen würde. Eher läuft unsere läufige Hündin bei Mangel an Sexualpartnern vor uns davon, um einen geeigneten Partner zu suchen. Auch dieses Verhalten ist das Resultat von bereits aufgestautem Frust. Für beide, sowohl für den Rüden als auch die Hündin, gibt es nicht – wie in der Natur – nur eine Hand voll, sondern ein Land voll möglicher Sexualpartner. Trotzdem können nur wenige ihre Sexualität ausleben. Nun besteht in der Regel eine Korrelation zwischen der Libido und dem Sozialstatus von Hunden. Hunde mit einem höheren Sozialstatus sind in der Regel sexuell aktiver. Vor allem diese Hunde werden schnell frustriert sein, wenn ihre Bedürfnisse nicht befriedigt werden.

Kastration

Für solche Hunde könnte eine Kastration den Frust etwas mildern. Mich wundert, dass Pferdebesitzer und Tierärzte es völlig selbstverständlich finden, einen noch nicht ausgewachsenen Hengst zu kastrieren, weil sonst Probleme mit anderen Pferden zu erwarten sind und er als Hengst nur ein ziemlich isoliertes Dasein führen könnte. Anscheinend ist das beim Pferd logisch, da das Tier viel größer ist und die Probleme, die wir Menschen damit bekommen können, dementsprechend gravierender sind. Dass der Wallach ein viel unkomplizierteres Leben haben kann, ist für uns meist nebensächlich, weil wir Menschen oft die Neigung haben, nur unsere Probleme zu sehen. Hauptsache, wir Menschen können das Pferd handhaben. Wenn man dagegen mit Tierärzten oder Hundebesitzern über die frühzeitige Kastration eines Rüden redet, tun sich vor allem männliche Tierärzte und Hundebesitzer damit schwer. Anscheinend haben diese Männer kein sexuelles Interesse und können deswegen nicht nachvollziehen, dass es ratsam ist, bestimmte Rüden zu kastrieren. Sonst müssten sie sich doch vorstellen können, wie frustrierend es sein muss, ein sexuelles Bedürfnis zu haben und das ganze Leben nicht zu Potte zu kommen. Von Homöopathen höre ich häufig, dass Kastration etwas Widernatürliches sei. Dem stimme ich zu. Aber meine Gegenfrage lautet: Kann der Hund in unserer Gesellschaft denn überhaupt noch ein natürliches Sexualleben haben?
Bei Hündinnen wird eine Kastration meist weniger infrage gestellt, da durch die Kastration die Bildung von Tumoren im Unterleib erheblich reduziert wird. Interessanterweise erklären einige Homöopathen diese Form von Krebs durch mangelnden Nachwuchs oder durch eine traumatische Trennung von diesem. Auch Scheinträchtigkeit beobachte ich vor allem bei Hündinnen, die in der Familie einen sehr hohen Sozialstatus haben und ihre Sexualität nicht ausleben können.

WICHTIG

Zusammenfassend würde ich raten, den eigenen Hund in einer Kind-Rolle zu lassen, also zu verhindern, dass er „erwachsen" und somit zu selbstständig wird. Das würde nämlich ihm und somit auch uns in unserer Gesellschaft etliche Probleme bereiten.

Der linke Rüde verscheucht seinen Sexualkonkurrenten. Das Sexualleben eines Haushundes kann frustrierend sein.

Wahrnehmung des sozialen Umfelds von Hund und Mensch

Rollenverteilung

In einer menschlichen Familie ist eine klar definierte Rollenverteilung entscheidend für die Persönlichkeitsentwicklung der Kinder. Früher lebten die Menschen offenbar in einer patriarchischen Struktur, was bedeutete, dass der Vater als Familienoberhaupt gesehen wurde. Da diese rein kulturell bedingte Sichtweise allgemein verbreitet war, konnte sie damals sogar in die Verhaltensbiologie von Wölfen einfließen. Die meisten Verhaltensbiologen waren Männer (Patriarchen) und haben deshalb die Sozialstruktur des Wolfsrudels so beschrieben, als gäbe es einen Rudelführer in Form eines Alpha-Rüden, der durch seine Position das gesamte Rudel dominiert und somit seine Gene weitergeben kann. Tatsächlich bringt sich der Alpha-Rüde zwar bei der Welpenerziehung ein, doch eigentlich spielt die Wölfin hierbei die entscheidende Rolle. Auch bei Menschen muss man davon ausgehen, dass häufiger die Frau einen entscheidenden Teil der Kindererziehung leistet. Der Mann hat biologisch gesehen eher dafür zu sorgen, dass die Frau optimale Bedingungen hat, ihre matriarchalen Aufgaben so gut wie möglich zu erfüllen. Er ist dafür zuständig, dass ein eigenes Wohngebiet Raum für möglichen Nachwuchs bietet. Männer müssen sogar höhere persönliche Risiken eingehen, um die größtmögliche Sicherheit für die Familie zu gewährleisten. Der Mann muss für ausreichend Nahrung sorgen, die Frau allerdings bereitet diese Nahrung zu und verteilt sie. Auch ich

Eine Hundefamilie. Während Mama die Welpen trinken lässt, hält Papa Mamas Rücken frei.

merke in meinem Alltag, dass ich, wenn ich Geld verdient habe, diese Beute abgebe und meine Frau entscheidet, was damit passiert und wie viel Taschengeld ich davon bekomme. Es ist also eigentlich die Mutter, die eine Schlüsselrolle im familiären Leben der Menschen spielt. Sie sorgt für sozialen Zusammenhalt. Sie verteilt nicht nur das Essen, sondern auch die Aufgaben, muss oft mehrere Sachen gleichzeitig erledigen und ist somit meist die bessere Organisatorin. Väter hingegen müssen sich häufig nur auf eine Sache konzentrieren – ihre Arbeit, das Fernsehgerät oder den Computer.

Ein kleiner Ausflug in die deutsche Familienkultur

Ein deutsches Kulturereignis ist der so genannte Vatertag. Ohne auf den Kalender zu schauen, weiß man genau, wann es wieder so weit ist. Scharenweise sieht man Männer auf Planwagen oder mit ihren mit Bierkisten gefüllten Bollerwagen, halb oder schon völlig betrunken, planlos durch die Lande ziehen. Dieses Ereignis hätte man besser „Männertag" genannt, denn die Vaterrolle wird dabei nicht gerade erfüllt. Anders hingegen beim so genannten Muttertag, der meist drei Tage lang stattfindet. Einen Tag vor dem Haupttag muss sich Mutti bereits ins Getümmel stürzen, um die Nahrung herbeizuschaffen, die Wohnung sauber zu machen und den Kuchen zuzubereiten. Am Haupttag wird sie von den Kindern extra früh mit einem Frühstück geweckt, damit sie den Tag extra lang „genießen" kann. Den ganzen Tag wird sie intensivst von ihren Familienmitgliedern umringt, damit sie erkennt, welch wichtige Rolle sie hat. Zwar muss sie an diesem Tag wie gewohnt die Windeln von Peterchen wechseln und die Mahlzeit zubereiten, ansonsten jedoch darf sie alle weiteren Arbeiten liegen lassen. Somit wird sie auch am dritten Tag mit der erfreulichen Rolle des Mutterseins konfrontiert. Die liegen gebliebenen Arbeiten, wie aufräumen, spülen, sauber machen, Müll wegbringen, leere Flaschen entsorgen, waschen usw., können nun nachgeholt werden.
Dass die Frau für das Familienleben viel wichtiger ist als der Mann, lässt sich biologisch erklären. Die Frau kann nämlich hundertprozentig sicher sein, dass die Kinder ihre eigenen sind. Der Mann dagegen kann dies nur hoffen. Man braucht, biologisch gesehen, verhältnismäßig weniger Männer als Frauen, um die Populationsstärke aufrechtzuerhalten. Obwohl Mann und Frau in unserer jetzigen Gesellschaft immer gleichberechtigter werden, ist es noch immer so, dass, wenn ein Schiff untergeht, erst die Frauen und Kinder gerettet werden. Auch Monogamie, sprich: die männliche Treue, ist biologisch zu erklären. Dadurch dass der Mann viel Zeit in direkter Nähe seiner Partnerin verbringt, versucht er, Genkonkurrenz vorzubeugen. In alten Kulturen dagegen haben die Männer ihre Frauen konsequent vor der Außenwelt abgeschirmt, ja, sogar eingeschlossen. Die moderne Zeit bringt mit sich, dass die familiären Aufgaben immer häufiger gemeinsam erledigt werden, und macht den Vergleich mit einer Kanidenfamilie immer treffender.
In einer natürlichen Kanidenfamilie lebt und arbeitet man nahezu konstant zusammen. Obwohl in der Regel hauptsächlich das Vatertier die Aufgabe hat, auf territoriale Sicherheit zu achten, wird es hierbei vom Muttertier und dem fast erwachsenen Nachwuchs unterstützt. Ebenso ist das Muttertier zwar in

Ein Tabu wird weitergegeben. Da das Kaninchen für die Mutterhündin schon längst ein Tabu war, setzt sie dem Welpen die gleichen Grenzen, die auch für sie gelten.

der ersten Anfangsphase hauptsächlich für die Versorgung der Welpen zuständig, bekommt allerdings bei der Erziehung viel Unterstützung durch das Vatertier und andere erwachsene Rudelgenossen. Statt in einem patriarchalen Familiensystem leben Hunde, wie wir modernen Menschen, eher in einem parentalen Familiensystem. Dennoch hat auch hier der Rüde bei Gefahr ein risikoreicheres Leben als die Hündin – ebenfalls wie bei uns Menschen.
Die Sozialstruktur bringt existenzielle Sicherheit, da sie eine optimale Zusammenarbeit ermöglicht. Das erfordert jedoch eine gute Verständigung innerhalb der sozialen Gruppe. Wie in einer Menschenfamilie sind es auch in einer Kanidenfamilie die Elterntiere, die den Welpen Grenzen setzen. Nur Welpen, die sich sozial beeinflussen lassen, haben gute Überlebenschancen. Viele überlebenswichtige Dinge müssen erlernt werden. Dabei sind die Elterntiere unentbehrlich. Die Welpen identifizieren sich stark mit ihnen und ahmen ihre Verhaltensweisen nach. Im Prinzip ist das bei uns Menschen genauso.

Rollentausch

In freier Wildbahn erziehen Kanideneltern ihre Welpen in hohem Maße zur Selbstständigkeit. Die Wildtiere werden erwachsen, sie bleiben keine Kinder. Dadurch ist gewährleistet, dass das Rudel auch bei Verlust der alt gewordenen Elterntiere weiter überleben kann. In diesem Sinne werden die Elterntiere die Juvenilen in nicht so ernst zu nehmenden Situationen Initiative entwickeln lassen. Ja, es können sogar die Rollen getauscht werden, um die Jungtiere gründlich auf die zukünftige Elternrolle vorzubereiten. Oberflächliche Betrachter

Die Rollen sind klar. Der Welpe ordnet sich Mama problemlos unter und zeigt somit auch Respekt für die eben gesetzte Grenze (siehe Foto links).

denken dann vielleicht, der juvenile Hund habe zeit- oder situationsbedingt die führende Position im Rudel. Die sozialen Positionen ändern sich jedoch niemals zeit- oder situationsbedingt, sondern hängen ausschließlich von der Beziehung untereinander ab. So war, wenn ich im Spiel mit meiner Tochter das Kind und sie meine Mama spielte, meine Position als Elternteil in keiner Weise infrage gestellt. Spielerisch konnte meine Tochter die „Mutterrolle" mit mir üben. Daran sieht man, dass es im Familienleben der Kaniden viele Parallelen zu dem gibt, was für uns Menschen in unserem Familienleben so üblich ist.

Bei Haushunden, die zusammen in einer Menschenfamilie leben, sieht man sehr häufig, dass der adulte (erwachsene) Hund den Juvenilen (Junghund) vor allem zu Hause erwachsenes Verhalten üben lässt. In diesem Fall denken ebenfalls viele Menschen an eine zeit- oder situationsbedingte Führung des Jüngeren. Entfernt man sich allerdings vom eigenen Grundstück und kommt in unbekanntes Terrain, macht der Adulte in der Kommunikation eindeutig klar, dass er die führende Position innehat, wenn es wirklich darauf ankommt. Viele Kunden erzählen mir: „Zu Hause gehorcht mein Hund in der Regel sehr gut. Nur unterwegs hat er so seinen eigenen Kopf." Wenn Sie diese Aussage mit dem Rollenwechsel zwischen adultem und juvenilem Hund vergleichen, dürfen Sie mal raten, welche Position der Mensch aus Sicht des Hundes in so einem Fall innehat. Sowohl beim Menschen als auch beim Hund ist ein Positionswechsel zwischen Adulten und Juvenilen nur dann möglich, wenn der Adulte geistig oder körperlich nicht mehr in der Lage ist, seine Funktion angemessen zu erfüllen. Beim Hund sieht man das häufig, wenn altersbedingte körperliche Schwächen eintreten. Bei Menschen kann man diesen krassen Wechsel beobachten, wenn einer der Elternteile senil wird.

Rollentausch findet allerdings nur dann statt, wenn für beide Parteien feststeht, wie die Sozialstruktur in Wirklichkeit aussieht. Der Rollentausch soll dem Nachwuchs die Möglichkeit geben, auf dem Weg zum Erwachsenwerden mehr Selbstständigkeit zu entwickeln. Auch ein selbstständiger Haushund wird immer mehr erwachsene Verhaltensformen zeigen. Er wird unabhängiger werden und somit weniger gut durch Menschen zu beeinflussen sein. Haushunde sollten deshalb am besten ihr Leben lang mehr oder weniger Kind bleiben. Ich sage immer: „Jungs spielen Cowboy – erwachsene Männer verteidigen das Land."

Um die Elternrolle dem Hund gegenüber ausfüllen zu können, müssen wir ihm Grenzen setzen, Tabus errichten und ihn aus seiner Sicht wichtige Dinge lehren. Denn nur dann kann er unsere Führung auch wirklich akzeptieren. Wenn wir bloß damit beschäftigt sind, ihm beizubringen, wie er sich hinsetzen und hinlegen soll, muss ihm das komisch vorkommen, da er das alles schon von Natur aus kann. Dieses Verhalten immer und immer wieder zu üben macht für ihn keinen Sinn. Unsere wirklichen Absichten sind für ihn nicht nachvollziehbar, somit kann er uns weder geistig noch körperlich wirklich „folgen".

Apropos folgen: Auch da denken leider zu viele Menschen zu stark in starren Mustern und behaupten, dass der Hund in allen Situationen dem Ranghöchsten folgen muss. Wenn wir allerdings wie normale Elterntiere denken würden, wäre das Folgen immer dann logisch, wenn Hund und Mensch noch nicht wissen können, was auf sie zukommt oder wohin man geht. Wenn man aber auf dem Weg zurück in die Sicherheitszone ist, wäre es logischer, dass Rangniedrigere vorne gehen und Elterntiere die Reihe schließen. Auch in einem überschaubaren Terrain, wo es keine Gefahren gibt, bekommen Rangniedrigere mehr Spiel-

Auf unbekanntem Terrain oder wenn es brenzlig wird, folgen die Juvenilen denjenigen, die die erzieherische Rolle innehaben.

raum. Wenn das Ziel und somit die Richtung, in die man geht, durch die Ranghöheren vorgegeben sind, können Rangniedrigere nach vorne dirigiert (geschickt) werden.

Dirigieren

Dirigieren bedeutet so viel wie: zeigen, wo es langgeht, vorgeben. Es ist also eine Koordinations- und Orientierungshilfe.

Ein Beispiel für das Dirigieren von Mensch zu Hund
Ehepaar Waidmann geht mit „Fleur" im Wald spazieren. In etwa hundert Meter Entfernung sieht Herr Waidmann ein Reh den Weg überqueren. Sofort flüstert er seiner Frau zu: „Schau mal, ein Reh!", und zeigt in die Richtung. Fleur, die das Reh noch nicht gesehen hat, ist ganz überrascht und begeistert von Herrchens Qualitäten. Nicht nur dass er sie auf das Reh hinweist, nein, Fleur hat die bedeutungsvolle Handgeste, mit der sie zu Hause auf ihre Decke dirigiert wird, ganz klar verstanden: Die Jagd fängt an! Der Geste folgend stürmt sie begeistert hinter dem Reh her. Endlich mal ein vernünftiges Signal von Herrchen, denkt sie noch. Im Hintergrund hört sie, dass Herrchen ihr Rückendeckung gibt und sehr aufgeregt dabei ist.
So gibt auch der Dirigent den Ton an. Tut er dies auf freundlich souveräne Weise, produziert das Orchester die beste Musik. Es ist nämlich der Ton, der die Musik macht. Und so kommen wir zum nächsten Thema.

Auch der große Schweizer Sennenhund ist gewohnt in „gefährlichen" Situationen den Ton anzugeben.

1
2
3

4

5

Torsten zeigt den Aufbau des "Dirigierens", der später für die Arbeit auf größere Distanz eine hilfreiche Unterstützung für den Hund sein kann. Man sollte seinen Hund nicht ins "Blaue" hinein schicken, sondern ein klares Ziel vorgeben; in diesem Falle eine Ersatzbeute in Form eines Preydummys. Der Hund bemerkt, dass es für ihn sinnvoll ist, wenn wir Menschen die Richtung vorgeben.

1) Konzentrierter Spannungsaufbau bei Beiden.
2) Eindeutige Körpersignale.
3–5) Anna wählt die angegebene Richtung und apportiert mit Erfolg.

Führung oder Unterdrückung?

Kinder sind auf der Suche nach Sicherheit, die sie in der Regel in der Nähe ihrer Eltern finden. Eltern, die sicher und souverän auftreten, sprich: sich nicht über alles aufregen, sind am besten in der Lage, durch ihre ruhige, selbstsichere Ausstrahlung Kindern Sicherheit zu vermitteln. Eltern, die ihre Kinder schreiend und gewalttätig maßregeln, zeigen dadurch meist ihre Machtlosigkeit und vermitteln den Kindern eher Unsicherheit und Gefahr. Kinder nehmen solche Eltern vielleicht als potenzielle Bedrohung ernst, allerdings werden die Eltern in ihrer Rolle als Erzieher als schlechtes Vorbild gesehen. Auch auf höherer Ebene, z. B. beim Regieren eines Landes, verlangt Führen viel Souveränität und Überblick. Es sollte im Interesse der Bevölkerung geschehen. Wenn jemand nur zum eigenen Vorteil, sprich: nicht an sozialen Interessen orientiert, das Land regiert, nennt man diese Person einen Diktator. Solche Machthaber sind meistens Persönlichkeiten, die stark an sich selbst zweifeln und deshalb andere in der Regel als Bedrohung sehen. Diese Menschen sind oft paranoid und das führt zur Unterdrückung und gewaltsamen Bekämpfung von Gegnern. Nicht einmal das eigene Volk bleibt davon verschont.
In einem natürlichen Hunderudel zählt im Zusammenleben sehr stark das gemeinsame Interesse. Würde also ein Rudelführer nur auf das eigene Interesse ausgerichtet agieren, würde er andere unterdrücken und somit zum Aggressor. Entweder führt dies dazu, dass das Rudel nicht erfolgreich kooperiert und deshalb schlechtere Überlebenschancen hat, oder es findet eine Änderung der Sozialstruktur statt, wobei so ein ehemaliger „Rudelführer" im Rudel nicht länger willkommen ist.

Die Konsequenzen in der Mensch-Hund-Beziehung

Wie bereits erläutert müssen wir Menschen beweisen, dass wir in der Lage sind, das Rudel aus hündischer Perspektive auf vernünftige Weise zu führen. Für den Hund müssen die gemeinsamen Ziele von Mensch und Hund nachvollziehbar sein. Die Führung des Menschen sollte dem effektiveren Erreichen dieser Ziele dienen. Dadurch wird der Hund in seinem Interesse geführt und als Mensch bemerkt man, dass ihm unsere Führung viel bedeutet. Sie vermittelt ihm Sicherheit in seiner Existenz, vor allem wenn es mal brenzlig wird. Wir Menschen übernehmen die Entscheidungen. Für den Hund wird das Leben dadurch komfortabler.

Was bedeutet das konkret?

Der Mensch entscheidet, wer ins Haus herein- und aus dem Haus hinausdarf (Verteidigung des Terrains) und macht durch sein Verhalten klar: „Alles paletti, habe alles im Griff." Der Mensch entscheidet, wann, wo und worauf gejagt wird. Dafür muss der Mensch eine Ersatzbeute benutzen, die schneller zum Erfolg führt als das Hetzen eines Rehs. Der Mensch sorgt für Herausforderungen auf für den Hund wichtigen Gebieten, z. B. bei der Jagd, die dem Hund das Gefühl vermitteln, ständig fitter zu werden in der Zusammenarbeit. Auf unbekanntem Terrain hat der Mensch einen vorausschauenden Blick und meidet aus hündischer Perspektive extreme Gefahren. Im hündischen Niemandsland zeigt die Selbstsicherheit des Menschen dem Hund, ob Gefahr zu erwarten ist oder nicht. Wenn nicht, kann der Hund sich ohne Probleme mit anderen Artgenossen auseinander setzen. Er weiß, dass der Mensch hierbei auf seine Sicherheit achtet.

In einem natürlichen Hunderudel lebt die Familie in der Regel sehr harmonisch zusammen. Da ist von Unterdrückung nicht die Rede.

Soziale Armut

Wie in Amerika geht auch in unserer Gesellschaft der Trend immer mehr dahin, dass beide Ehepartner arbeiten müssen, um den Lebensunterhalt und vor allem den hohen Lebensstandard bezahlen zu können. Fastfood, Kinder vorm Fernseher, Hund im Zwinger oder im eingezäunten Garten, gestresste, überforderte Eltern, hohe Scheidungsraten führen zu verstärkter Individualisierung. Man hat einfach kaum noch Zeit füreinander. Unsere Gesellschaft leidet unter sozialer Verarmung. Statt dem „Wir" wird das „Ich" immer wichtiger. Es mangelt den Kindern an ausreichender Erziehung und damit an Sicherheit. Schlüsselkinder werden zwar schneller selbstständig, allerdings fehlt es ihnen oft an sozialer Anpassungsfähigkeit.
Das Gleiche gilt leider auch für viele Hunde, die einen Großteil ihrer Zeit allein verbringen müssen. In dieser Zeit entwickelt sich so ein Hund logischerweise weiter – allein, solitär. Je mehr er sich selbst beibringt, desto selbstständiger er wird. Selbstständigkeit führt wie besprochen zur Unabhängigkeit. Der Hund bekommt das Gefühl, er brauche den Menschen nicht mehr, und verlässt sich eher auf sich selbst. So wird er zum Solisten. Diesen Prozess rückgängig zu machen ist recht schwierig. Eine einmal erworbene Unabhängigkeit abzulegen und sich sozial anzupassen führt meistens zu Konflikten, weil aus hündischer Perspektive der Mensch nichts mehr zu bestellen hat. Nur bei Hunden, die mit den Gegebenheiten selbstständig nicht zurechtkommen, sprich: völlig aufgeschmissen sind, wenn sie die Zeit allein im Haus oder Garten verbringen

Anstatt den Hund alleine im Garten zu lassen, sollte der Mensch sich dort besser mit ihm beschäftigen. Ein Hund, der sich vom Welpenalter an selbstständig beschäftigen muss, entwickelt sich zum Solisten und wird hierdurch nicht gerade sozialer.

müssen, klappt es danach noch halbwegs, das Sozialverhalten zu beeinflussen. Menschen mit solchen Hunden sieht man selten in einer Hundeschule. Der Mensch hat nämlich kein Problem mit seinem Hund. Allerdings hat der Hund Probleme, mit der Welt klarzukommen, in der er leben muss. Das kennzeichnet wieder die verstärkte Individualisierung: mangelnde Einfühlsamkeit für das andere Individuum. Soziale Armut ist die Hauptursache für Hundeverhalten, das wir Menschen als Problem empfinden. Mein Hund wildert, mein Hund haut ab, mein Hund zerstört die Einrichtung, wenn er allein zu Hause ist, mein Hund macht Terror am Gartenzaun, mein Hund buddelt im Garten usw. All diese Verhaltensweisen sind arttypisch und selbststimulierend und entwickeln sich deshalb nur bei mangelnder Erziehung.

Ein Beispiel für soziale Armut

Familie Ruheman hat für ihren Welpen „Lisa“ den Garten extra eingezäunt, da die Züchterin meinte, der Hund brauche viel Auslauf. Herr Ruheman findet das auch ganz praktisch, da man Lisa dort schon mal allein lassen kann, ohne dass sie wegläuft. So sitzt die Familie am frühen Abend vor dem Fernseher und Lisa ist allein im Garten. Auf dem Pfad neben dem Garten kommt ein Spaziergänger vorbei – zumindest würden wir Menschen das so interpretieren. Lisa allerdings interpretiert es auf hündische Weise: Da ist ein Eindringling in der Nähe ihrer Sicherheitszone! Das bedeutet für Lisa Gefahr, ihr Herz schlägt schneller. Und so, wie sie normalerweise ihre Mutter alarmieren würde, tut sie das auch bei ihren menschlichen Ersatzeltern – Lisa wufft leise. Nun wäre ihre Mutter selbstverständlich immer in Lisas Nähe, um die Lage sofort zu checken. Auf Mutter kann man sich verlassen. Was aber machen die Ersatzeltern? Zu Lisas Entsetzen zeigen sie keinerlei Reaktion. Das nennt man Auslauf? Eher hat der

Welpe das Gefühl, man lässt ihn auflaufen. Lisa stellt fest, dass sie sich auf ihre Ersatzeltern in Sachen Sicherheit nicht verlassen kann. Gleichzeitig bemerkt sie, dass der Eindringling bereits flüchtet, nur aufgrund ihres Alarmwuffens. Am nächsten Tag kommt ein Kind mit Schulranzen am Gartenzaun vorbei. Nach ihrer gestrigen Erfahrung denkt Lisa: Mal gucken, ob ich es allein schaffe. Ihrer Sache nicht ganz sicher, rennt sie hoch bellend zum Zaun. Das Kind erschrickt und läuft etwas schneller am Gartenzaun vorbei. Prima, denkt Lisa, jetzt weiß ich, wie ich für meine Sicherheit sorgen kann. Ich brauche die Menschen nicht dazu. Aber gerade da öffnet Herr Ruheman ein Fenster und ruft: „Lisa, still jetzt!" Man möchte schließlich keinen Ärger mit den Nachbarn bekommen. Lisa hat ihr Problem aus sozialer Armut heraus ganz allein gelöst, doch Familie Ruheman hat nun ein Problem: Lisa droht eine notorische Kläfferin zu werden. Familie Ruheman geht deshalb mit ihr zur Hundeschule und möchte das Bellen abgestellt haben. Natürlich muss Lisa aber weiterhin allein im Garten bleiben können, weil Familie Ruheman an ihrem Umgang mit Lisa nichts ändern möchte.

Viele Probleme unserer Hunde werden von uns Menschen nicht wahrgenommen. Erst wenn wir das hündische Verhalten als Problem empfinden, muss sich das Verhalten des Hundes ändern. Aber dann ist das Kind meistens schon in den Brunnen gefallen! Die Idee, dass vielleicht auch sie selbst sich ändern, anpassen oder umdenken müssen, finden viele Menschen übertrieben. Den Spruch: „Jeder macht das so mit seinem Hund, was soll ich also groß ändern?", höre ich nur zu häufig.

Beim Sortieren von Gegenständen läßt der Airedale Terrier sich nicht beirren und bevorzugt logischerweise das Apportieren des Futterbeutels. Bitte beachten Sie, das Futter nicht als Belohnung zu verwenden, sondern lediglich nach der allerletzten Aktivität – und nicht zwischendurch – zu füttern.

Rassetypen und Veranlagung

Die meisten Hunde schieben heutzutage Frust. Es fehlt ihnen in unserer Gesellschaft immer mehr an sinnvollen Aktivitäten und Herausforderungen. Früher hatten wir Menschen Hunde, die eine bestimmte Funktion für uns erfüllten. Dazu haben wir Menschen gezielt Spezialisten gezüchtet und somit das Erbgut von Urvater Wolf verändert. Das bedeutet, dass sich die auf das natürliche Ökosystem abgestimmten Instinktveranlagungen des Wolfes durch Züchtung verschoben haben: Bestimmte Veranlagungen sind nur noch schwach vorhanden, wodurch andere mehr in den Vordergrund treten. So haben wir den Hund auf das abgestimmt, was in unserer Situation am besten gepasst hat.

Hütehunde und hütehundähnliche Typen

Einer der Spezialisten war und ist der Hütehund. Diese Hunde hatten die Aufgabe, die Herde zusammenzutreiben, während des Umweidens von einer zur nächsten Weide zusammenzuhalten und einzelne Tiere oder Gruppen aus der Herde auszusondern.
Von Hütehundbesitzern höre ich sehr häufig, diese Hunde hätten keinen Jagdtrieb mehr, sondern etwas, was Urvater Wolf noch nicht hatte und was wir Menschen hinzugefügt haben: den Hütetrieb. Den Hütetrieb gibt es aber nur dem eigenen Nachwuchs gegenüber und eher im Sinne eines Behütens der Welpen vor Gefahren.
Hütehunde sind auf Großwild spezialisierte Jagdhunde. Sie jagen in der Regel mit viel Ausdauer und in Zusammenarbeit mit dem Schäfer. Auch die Schafe wissen, dass sie nicht behütet, sondern gejagt werden, und setzen sich deshalb in Bewegung. Nur die letzten Jagdsequenzen, das Stellen und Töten der Beute, sind beim Hütehund weggezüchtet worden.
Die derzeit bekanntesten Hütehundrassen sind Border Collie, Schottischer Collie und Sheltie. Hütehunde sind sensible Tiere und deshalb leicht sozial zu beeinflussen. Sie haben in der Regel noch einen ziemlich authentischen sozialen Rudelinstinkt. Das bedeutet, dass diese Hunde Rudelfremden gegenüber

Der Australian Shepherd ist einer der beliebtesten Hütehunde.
Der Hund auf den beiden Bildern hat eine angeborene Stummelrute.

Ganz links: Ein Kurzhaarcollie apportiert den Preydummy.

Hütehund und Herdenschutzhund beim gemeinsamen Spiel. Obwohl der Herdenschutzhund in der Regel viel mehr besitzorientiert ist, zeigt er sich tolerant, wenn der Hütehund den Spielgegenstand umher trägt.

meistens skeptisch sind. Die Sensibilität ist eine wichtige Voraussetzung für die Aufgaben, die diese Hunde zu erfüllen haben. Sie ermöglicht es ihnen, sehr verfeinert zu kommunizieren. Um als Hütehund zu arbeiten, ist es wichtig, sich auf zwei Sachen gleichzeitig konzentrieren zu können, nämlich optisch auf die Beute und akustisch auf die Signale des Schäfers. Einerseits steht der Hütehund in einem starken Abhängigkeitsverhältnis gegenüber dem Schäfer, was zu viel Eigeninitiative verhindert und ihn leicht lenkbar macht. Andererseits bleibt er immer auf sicherem Abstand zu den Schafen, weil auch diese Tiere sich wehren können. Da Hütehunde passionierte Jäger sind, ist die Sexualität meist zweitrangig. Ich habe erlebt, wie sich ein Border-Collie-Rüde gemeinsam mit einer läufigen Border-Collie-Hündin und einem Schäfer problemlos auf die Arbeit konzentrierte und erst zu Hause vorsichtiges Interesse an der Hündin zeigte. Anscheinend gilt für viele Hütehundrüden, was mir schon mein Vater früher sagte: „Erst die Arbeit, dann das Mädchen." Die Abhängigkeit zeigt sich auch in dem leicht infantilisierten, aber noch immer klar vorhandenen Territorialinstinkt. Hütehunde kommen mit territorialen Konfrontationen auf eigene Faust in der Regel nicht so einfach zurecht, was mit sich bringen kann, dass diese Hunde dabei überreagieren. Durch ihre Sensibilität sind sie traumaempfindlicher, stufen also Situationen schneller als gefährlich ein. Deshalb ist es wichtig, dass der Mensch potenzielle territoriale Konfliktsituationen auf souveräne Weise meistert. So wird der Hund genau registrieren, dass Sie die Besucher auf die Couch dirigieren, ihnen zeigen wo es langgeht, und sie wieder hinausbegleiten. Da Hütehunde durch ihre territoriale Unsicherheit zu notorischen Kläffern werden können, ist es wichtig, von Anfang an bei eventuellen Alarmsignalen ruhig die Situation zu checken, ohne den Hund dabei zu beachten. Wenn dann nichts los ist, setzt man, ebenfalls ohne weitere Beachtung des Hundes, seine bisherige Tätigkeit fort. So signalisiert man, dass man alles locker im Griff hat und territoriales Bewusstsein besitzt.

Herdenschutzhunde und herdenschutzhundähnliche Typen

Die ursprüngliche Funktion von Herdenschutzhunden ist das selbstständige Beschützen von Nutztierherden vor Wölfen, Hunden, fremden Menschen und anderen Beutegreifern. Ihre Funktion beruht auf einem ausgeprägten Territorialinstinkt, der sich in einem verstärkten Besitzverhalten widerspiegelt. Am liebsten möchten sie nichts mit anderen teilen und gehen auch sehr sparsam mit Ressourcen um. So fressen sie nur das Nötigste, weil man das, was man gefressen hat, nicht mehr besitzt. Diese Einstellung gibt es auch beim Menschen: Während mein Sohn Ivo und ich unseren Nachtisch innerhalb einer Minute wegputzen, isst meine Tochter Dominique mit einem kleinen Löffel ihren Pudding ganz langsam. Wenn Ivo und ich dann fragend auf Dominiques Pudding schauen (schafft sie ihn nicht mehr?), sagt sie grinsend: „Guckt mal, was ich noch habe! Lecker, oder?“
In der Regel sind Herdenschutzhunde also starke Minimalisten. Da diese Hunde ihre Aufgabe so selbstständig wie möglich ausführen sollen und das Verteidigen von Besitz natürlich Erwachsenenaufgabe ist, sind diese Hunde weniger sozial veranlagt. Vor allem bei submissiven (unterwürfigen) Verhaltensformen zeigen sie meist einen genetischen Verlust. Hierdurch lassen sie sich nicht so einfach erziehen. Schon sehr frühzeitig sollte der Mensch deshalb erzieherischen Einfluss nehmen, um die latenten submissiven Verhaltensformen bei jungen Welpen weiterzuentwickeln.

Der Owtscharka ist von seiner Veranlagung her ein typischer Vertreter der Herdenschutzhunde.

Man sollte nie pauschalisieren: Obwohl Submissivität in der Regel bei Herdenschutzhunden nicht sehr ausgeprägt ist, zeigt dieser Hund submissives Begrüßungsverhalten.

Bekannte werden meistens toleriert, aber Fremden gegenüber sind diese Hunde oft extrem misstrauisch. Während der Entwicklung des Junghundes sollte man daran arbeiten, dass der Herdenschutzhund einerseits seine Bezugspersonen als seine Erzieher sieht und andererseits rudelfremde Menschen nicht so ernst nimmt. Mit ihrem meist hellen, teddybärähnlichen Fell und ihrer phlegmatischen, ruhigen Ausstrahlung werden diese Hunde häufig als Schmusebär angesehen und somit unterschätzt.

Während andere große Hunderassen viel Beschäftigung brauchen, liegen diese Rassetypen den Großteil des Tages auf strategischen Positionen und passen auf. Um die Territorialität in einer stärker von den Bezugspersonen abhängigen Form zu halten, sollte man deshalb selbst strategische Plätze einnehmen und vermeiden, dass der Hund diese als seine Plätze ansieht. Ist der Herdenschutzhund von klein an auf Menschen geprägt, hat er meist als junger Hund schon erfahren, dass man fremde Menschen nicht so ernst nehmen muss, sprich: dass der Mensch keine allzu große Bedrohung darstellt, sondern dass die stärkste Bedrohung seiner Ressourcen eher von anderen Hunden ausgeht. Somit haben viele dieser Hunde Probleme, wenn sie unterwegs auf Artgenossen treffen. Der Mensch sollte einem jungen Herdenschutzhund auch in Kontakt mit anderen Hunden Sicherheit vermitteln können. Das geschieht, indem er ihm klar macht, mit welchem Hund Kontakt aufgenommen werden darf und mit welchem nicht, um auch auf diese Weise die Basissicherheit des Hundes zu gewährleisten.

Verglichen mit ihrer stark im Vordergrund stehenden Territorialveranlagung sind Herdenschutzhundtypen jagdliche Minimalisten. Sie jagen im Prinzip nur, wenn es unbedingt notwendig ist, um Nahrung herbeizuschaffen. Wenn allerdings gejagt wird, ist die Jagdform die des Solitärjägers, also die Jagd auf Kleinwild. Da diese Jagdform bekanntermaßen nicht erlernt werden muss, passt sie zu dem stark auf sich bezogenen Hundetyp. Früher auf der Bergwiese, zwischen den Schafen, hatte der Herdenschutzhund hierzu optimale Bedingungen. Sein Körpergeruch wurde vom Geruch der Schafe überlagert. Somit wähnten sich Kleintiere wie Kaninchen, Hasen oder Murmeltiere fälschlicherweise in Sicherheit und waren deshalb leichte Beute. Statt seine Territorialität noch stärker zu betonen, wäre es daher sinnvoll, eine alternative Jagdform in Zusammenarbeit mit dem Menschen zu entwickeln, die der Herdenschutzhund auch ernst nehmen kann, weil er nur hierbei gefüttert wird. Das untermauert nochmals seine Abhängigkeit.

Die bekanntesten Herdenschutzhunde sind derzeit Pyrenäenberghund, Owtscharka, Kuvasz, Kangal und Maremmano.

Herdenschutzhunde haben einen sehr authentischen sozialen Rudelinstinkt und somit eine starke Partnerbindung.

Treibhunde und treibhundähnliche Typen

Der Treibhund hatte vor allem die Aufgabe, Kühe vom Stall zur Weide zu treiben. Zudem war er häufig Wachhund für den Hof. Früher haben diese bodenständigen, ruhigen Hunde auch den Milchkarren gezogen. In seiner Funktion als Treibhund zeigt der Hund das Aufscheuchen des Viehs, wozu er die Kühe frontal verbellt und von hinten in die Fersen zwickt. Das ist eher eine initiierende Jagdhandlung, bei welcher der Hund viel Eigeninitiative entwickeln muss. Dazu kommt, dass er nicht sehr sensibel sein darf. Wenn er mal einen Kopfstoß oder Hufschlag von einer Kuh verpasst bekommt, darf er nicht gleich traumatisiert sein. Er soll höchstens den Kopf schütteln und danach weitermachen. Deutet schon diese Jagdform eher auf ein Erwachsensein hin, so zeigt der Treibhund in der Regel auch bei der Verteidigung des Territoriums viel Initiative. Er hat einen ausgeprägten Territorialinstinkt und ist Fremden gegenüber nicht nur skeptisch, sondern zeigt oft Abwehrverhalten. Häufig wird behauptet, dass diese Hunde sehr mutig seien. Besser würde man sagen, dass sie durch ihre Hyposensibilität weniger Selbstschutzinstinkt besitzen. Auch ist die Kommunikation mit Sozialpartnern eher grob als verfeinert. Das spiegelt sich in der wenig ausdrucksstarken Gesichtsmimik dieser Hunde wider. Im Umgang mit Sozialpartnern wird eher über Körperkontakt kommuniziert, wobei die Treibhunde durchaus die Neigung haben, ihre Körperkraft und ihr Gewicht einzusetzen. Damit sind wir bei dem wichtigsten Punkt, auf den in der Kommunikation am meisten geachtet werden muss: Der Hund sollte von klein an Respekt vor dem menschli-

Durch seine geringe Sensibilität ist der Bullterrier in der Regel nicht schnell zu beeindrucken.

chen Körper haben und man sollte versuchen, in der Kommunikation zwar grob anzufangen, aber dann eine sehr verfeinerte Kommunikation aufzubauen. Sprich: Schreien, grobes Korrigieren, grobe Körperspiele usw. sind tabu. Auch ist es wichtig, der Eigeninitiative des Hundes vorzubeugen, indem man selbst ein starkes initiierendes Verhalten zeigt, wie bereits beim Hütehund und auch beim Herdenschutzhund beschrieben.
Die bekanntesten Treibhundrassen sind Rottweiler, Bouvier, Appenzeller und Entlebucher Sennenhund.

Aus den Treibhunden haben sich die so genannten Bullenbeißer (z. B. Boxer, Bulldogge) entwickelt, die von Metzgern gehalten wurden, um sich in Kühe zu verbeißen, bevor diese geschlachtet wurden. Die Todesangst der Kühe führte dazu, dass wegen der besseren Durchblutung das Fleisch geschmackvoller war. Aus den Bullenbeißern wiederum sind später die so genannten Kampfhunde (z. B. American Staffordshire Terrier, Pitbull Terrier) hervorgegangen. Sind schon die Treibhunde nicht sehr sensibel, so haben die Letzteren in der Regel durch die verstärkte Hyposensibilität kaum Hemmungen mehr, wenn es zu jagdlichen oder territorialen Angriffen kommt. Sogar in der sozialen Kommunikation kann hemmungslos angegriffen werden, wenn die hohe Reizschwelle überschritten wird.

Aus Kreuzungen von Bullenbeißern und Herdenschutzhunden wurden so genannte Kriegshunde (z. B. Mastino Napolitano, Fila Brasilero) gezüchtet. Diese Mischungen bringen sogar noch eine Verstärkung der Angriffstendenz mit, da der Herdenschutzhund natürlich äußerst skeptisch gegenüber Fremden ist.

Links: Der Entlebucher Sennenhund ist ein typischer Vertreter der Treibhunde.

Rechts: So genannte „Kampfhunde“ sind speziell auf den letzten Teil der Jagd, stellen und töten der Beute, gezüchtet worden. Hier ein American Staffordshire Terrier.

Meutejagdhunde und ähnliche Typen

In der Regel sind Meutejagdhunde nur schwach territorial veranlagt. Während viele Hunde schnuppern, um das Territorium zu kontrollieren, ist das Schnuppern dieser Rassetypen meist rein jagdlich motiviert. Auch der Sozialinstinkt ist bei diesen Hunden oft weniger ausgereift. Jetzt werden Sie natürlich sagen: Der Beagle ist doch ein äußerst sozialer Hund; deshalb wird er auch für Tierversuche verwendet, wo auf kleinem Raum eine große Zahl von Hunden gehalten wird. Tatsächlich kann man in der Regel davon ausgehen, dass die soziale Kommunikation umso komplexer und verfeinerter ist, je größer die soziale Gruppe wird. Bei den meisten Meutejagdhunden sieht man jedoch, z. B. an der verminderten Gesichtsmimik, eine weniger ausdrucksstarke Form der Kommunikation. Sie besitzen sogar eine weniger klare Sozialstruktur.

Ich beschreibe das meistens so: Ein Rudel ist ein organisiertes Sozialsystem. Eine Meute dagegen ist eine unorganisierte Bande, die zufälligerweise im gleichen Augenblick auf das gleiche Ziel losstürzt. Trotz des „gemeinsamen Interesses" gibt es so etwas wie individuelle Erkennung nur oberflächlich. Wenn zwanzig Foxhounds den gleichen Fuchs jagen, tun sie dies jeder für sich, angeheizt durch die Konkurrenz untereinander. Die soziale Verträglichkeit hört in der Regel auf, wenn das Ziel erreicht ist. Auch eine feste Futterrangordnung gibt es in Meuten meist nicht. Und wenn während der Jagd z. B. „Mariechen" auf der Strecke geblieben ist, wird Foxhound „Philip" sich nicht fragen: „Wo ist bloß Mariechen abgeblieben?", sondern sich nach der Mahlzeit der nächstbesten Hündin widmen, um auch in Zukunft seine sexuellen Bedürfnisse befriedigen zu können. Grob gesagt ist bei den Meutejagdhunden der Sozialinstinkt abgeflacht und sie haben fast nur Jagen oder Sex im Sinn. Die Tatsache, dass nahezu keine Territorialität gegeben ist, bringt vielen Menschen bei der Erziehung dieser Rasse Probleme mit der Stubenreinheit ein. Des Weiteren kann man sich vorstellen, dass sich auch Probleme mit anderen Hunden entwickeln können, da die territoriale Kommunikation nicht verstanden wird. Die soziale Beeinflussung dieser Hunde ist also trotz ihrer Verträglichkeit nicht einfach.

Obwohl der Meutehund in der Regel wenig territorial veranlagt ist, ist sein Futterneid meist extrem. Hier ein Beagle.

Die bekanntesten Meutejagdhunde sind Beagle, Basset Hound und Bloodhound.

Solitärjäger und ähnliche Typen

Die Bezeichnung Solitärjäger macht schon einiges klar. Wenn ich das Kartenspiel Solitär am Computer spiele, möchte ich gerade mal niemanden sehen und mit niemandem reden. Ich möchte für mich sein. Mehr oder weniger gilt das auch für diese Rassetypen. Die Solitärjäger haben früher den Bauernhof bewacht und von kleineren Tieren, wie z. B. Mäusen, Ratten oder Maulwürfen freigehalten. Deshalb sind diese Hunde klein und wendig, und wenn man Jagd auf so kleine Beutetiere macht, möchte man sie natürlich nicht auch noch mit anderen teilen müssen. Hinzu kommt die Tatsache, dass diese Jagd auf Kleinwild nicht erlernt werden muss, sondern schon im angeborenen Verhaltensrepertoire enthalten ist und durch eigene Erfahrung nur perfektioniert wird. Die Erfahrungen werden also genauso wenig mit anderen geteilt wie die Beute. Solitärjäger sind stark territorial veranlagt. Futterkonkurrenten werden im eigenen Revier nicht gern gesehen. Auch potenziellen Sexualpartnern gegenüber gibt es nur eine geringe Toleranz.

Dackel und Jack Russell Terrier. Beides sind kleinere Solitärjäger, die sich jedoch auch an etwas größere Beute wagen. Der Jack Russell zeigt dies beim „Parade-Laufen" mit einem, eigentlich für ihn viel zu großen, Ball.

Fälschlicherweise werden diese Hunde ab und zu als sensibel beschrieben. So kann man z. B. in Welpengruppen beobachten, dass ein Jack Russell Terrier unter Umständen heftigst reagiert, wenn ein anderer Hund mit ihm Körperkontakt sucht. Ich würde das allerdings eher als eine Äußerung der sozialen Intoleranz (Unverträglichkeit) betrachten. Während der Jagd kennen diese Hunde nämlich kein Pardon und greifen mit wahrer Todesverachtung auch größere Beutetiere an. Solitärjäger sind meist sehr schmerzunempfindlich und sozial wenig beeinflussbar.

Die bekanntesten Solitärjäger sind Jack Russell Terrier, Westhighland White Terrier, Dackel, Schnauzer und Pinscher.

Kommunikation und Erziehung

Bedeutung der Kommunikation in der Erziehung

Erziehung setzt eine Beziehung voraus

Innerhalb eines Erziehungsprozesses gibt es mindestens zwei Individuen: denjenigen, der erzogen wird, und dessen Erzieher/in. Erziehung hängt mit Beziehung zusammen. Der Erzogene bezieht das Erlernte später auf seine Erzieher, die daher für ihn meist eine besondere Bedeutung haben. Nur wenn beide Seiten in einer Beziehung zueinander stehen, ist Erziehung wirklich möglich. Da wir wissen, dass Kommunikation innerhalb einer Beziehung unentbehrlich ist, sollte man also auch bei der Hundeerziehung besonders auf die kommunikativen Komponenten achten.

Erziehung ist ein sozialer Prozess

Erziehung bereitet das Individuum auf das Zusammenleben mit Sozialpartnern vor. Damit dies gelingt, sollte Erziehung grundsätzlich soziale Einflussnahme bedeuten. Das Sozialverhalten des Erziehers ist Vorbildverhalten für denjenigen, der erzogen wird. Das bedeutet, dass der Erzieher sich in den zu Erziehenden hineinversetzt und vor allem solche Talente weiterentwickelt, die für die soziale Gruppe eine Bereicherung darstellen. Innerhalb der Erziehung sollte großer Wert darauf gelegt werden, wie man gemeinsam etwas entwickelt oder erarbeitet. Vor allem soll der zu Erziehende merken, welche Vorteile ihm die soziale Einflussnahme des Erziehers bringt. Wie man diesen Prozess als Erzieher gestaltet, ist entscheidend für die Persönlichkeitsentwicklung des Erzogenen und sollte wichtiger sein als das „Produkt“ als solches (ob die Erzogene nun Bankdirektorin oder Putzfrau wird, sollte weniger wichtig sein). Hierzu möchte ich gern ein Beispiel schildern.

„Sitz“ kann jeder Hund von Natur aus. Lernen sollte er jedoch, welchen Sinn dieses Signal auch für ihn haben kann.

Foto links: Auch Herdenschutzhunde können apportieren (Herdenschutzhunde siehe auch Seite 131).

Beispiel
In der Schulklasse meiner Tochter ist ein Mädchen, das Zoff mit seinen Eltern bekommt, wenn es keine guten Noten nach Hause bringt. Sie werfen ihr vor, dass sie sich nicht ausreichend anstrengt. Sie bestreitet dies aber und erklärt, dass sie sehr viel zu Hause lerne. Daraufhin meinen die Eltern, dann sei sie wohl zu dumm. Das Mädchen strengt sich nun immer mehr an. Vor Klassenarbeiten ist sie sehr aufgeregt und sagt zu ihren Freundinnen: „Hoffentlich schaffe ich es, eine gute Note zu schreiben, damit ich keinen Ärger bekomme.“ Durch diese negative Spannung hat sie leider immer wieder Black-outs während der Klassenarbeiten. Vor der nächsten Stunde, in der die korrigierten Arbeiten wieder ausgeteilt werden, hat sie Bauchschmerzen, und mittags mag sie gar nicht nach Hause gehen.
Das Mädchen möchte nicht für sich selbst gute Noten, sondern nur damit es zu Hause keinen Ärger bekommt. Lernen und Schule sind für sie somit stark

Nonverbale Kommunikation

Die Kommunikation in einer Beziehung zwischen Mensch und Hund läuft optimalerweise größtenteils über Bewegung ab. Nicht das Gesagte, sondern das, was wir tun, spielt dabei eine entscheidende Rolle. Je besser man sich versteht, desto mehr können die Gesten verfeinert werden.

1) Donovan zeigt Selbstbeherrschung und wartet ab, bis Christiane die Hetzjagd vorbereitet hat.
2) Mit einer leichten Handbewegung lässt Christiane Donovan "anziehen" zum Vorstehen, ohne dass er unkontrolliert durchstartet.
3) Nach einem Handsignal mit starkem Impuls von Christiane darf Donovan durchstarten zum Hetzen.
4) Während des Hetzens kann Christiane Donovan mit einem Stopp-Signal zum Stehen bringen.
5) Bei gemeinsamen Zielen werden Bewegungen synchronisiert, so wie hier beim Anschleichen.

Taktile Kommunikation

Körperkontakt hat immer eine kommunikative Komponente. Nur wenn eine vertrauensvolle Beziehung zu einem Hund besteht, sollte man diesen so umarmen und liebkosen, wie Jan es hier bei Belmondo zeigt.

1) *Bei einer freundlichen Begrüßung grenzt Jan die Bewegungsfreiheiten von Belmondo ein.*
2) *Während Jan sich über Belmondo bückt, leckt Belmondo seine Mundwinkel.*
3) *Wenn Jan sich kleiner macht, legt Belmondo seine Vorderpfote auf sein Knie. Der Augenkontakt zwischen den Beiden ist kein Fixieren, sondern ein vertrauensvoller Blickkontakt.*

negativ besetzt. Auch die Beziehung zu ihren Eltern erfährt hierdurch einen Knacks. Sie spürt, dass die Anerkennung ihrer Eltern stark von Produkten wie Schulnoten abhängt. Das bestärkt sie nicht gerade in der Entwicklung ihres Selbstwertgefühls. Selbst wenn sie nicht so sehr intelligent wäre, würde es mehr Sinn machen, wenn die Eltern sie in dem, was sie gut kann, förderten. Man sollte die Persönlichkeit eines Individuums nicht nach erbrachten Produkten bewerten. Persönliche Anerkennung und Respekt für das Individuum geben soziale Sicherheit und steigern das Selbstwertgefühl. Dadurch würde der oben beschriebene Teufelskreis verhindert.

Mein Sohn weiß schon seit längerem, dass er gern studieren möchte. Da er gerade in der Pubertät ist, hat er derzeit eher das andere Geschlecht als das Lernen im Kopf. Das wirkt sich natürlich negativ auf seine Schulnoten aus. Beim letzten Elternsprechtag haben uns die Lehrer eindeutig gesagt, dass er voraussichtlich nicht für das Abitur zugelassen werden kann, wenn er so weitermacht. Sie meinten, ich solle kontrollieren, dass er seine Hausaufgaben macht. Darauf habe ich etwa Folgendes geantwortet: „Ich habe längst mit meinem Sohn über dieses Problem gesprochen und ihm gesagt, dass ich es schade finde, wenn er seine Zukunftsperspektiven so negativ beeinflusst, dass es aber letztendlich sein Problem ist. Natürlich möchte ich ihm gern bei seinen Problemen helfen, aber nur, wenn er dazu bereit ist. Deshalb werde ich seine Hausaufgaben nicht kontrollieren, ihn jedoch auf die Vor- und Nachteile seines Verhaltens hinweisen. Hoffentlich hilft ihm das, eine vernünftige Entscheidung zu treffen. Ich werde seine Entscheidung auf jeden Fall respektieren."
Die Auswirkungen auf das Lernverhalten meines Sohnes waren sehr positiv. Ihm ist klar bewusst geworden, in welcher kritischen Lage er sich befand, und deshalb hat er die richtigen Prioritäten gesetzt. Seine Noten haben sich schlagartig verbessert und er hat wieder Abi-Niveau erreicht.

Primäre und sekundäre soziale Beziehungen

Das Produkt Hund

In unserer Gesellschaft wird der Hund immer mehr zum Luxusprodukt, das wir Menschen genießen möchten. So wie man wissen möchte, wie das Fernsehgerät funktioniert, ohne den ganzen technischen Aufbau des Gerätes kennen zu müssen, geht es leider auch sehr häufig mit unserem Hund. Wir möchten nicht wissen, wie er gestrickt ist, sondern bloß, wie man etwas „hinkriegt" beim Hund und wie man unerwünschte Sachen „abstellen" kann. Es gibt mittlerweile auch immer mehr Bedienungsanleitungen für den Hund. Viele Menschen möchten nur einen guten „Trick" hören, um ihre persönlichen Ziele mit dem Hund zu erreichen. Im Extremfall werden sogar „Fernbedienungen" (z. B. Tele-Takt) für Hunde eingesetzt. Für solche Menschen gilt: „Ändere die Welt und fang bei deinem Hund an, aber ändere bloß nicht dich selbst." Mit anderen Worten, es geht ihnen nicht um die Beziehung zu einem Hund, sondern um ein funktionierendes Produkt. Bei solchen Konstellationen spielt Kommunikation und somit Beziehung, wenn überhaupt, nur eine zweitrangige Rolle. Das wird sogar in Fachbüchern propagiert, deren Autoren von der Dominanztheorie nichts wissen wollen oder sie eventuell nicht richtig verstanden haben und die voll auf Gebrauchsanweisung, sprich: fast ausschließlich auf Konditionierungstheorien, setzen. Wenn der Hund dann Probleme mit der Beziehung hat, werden Therapieformen wie Homöopathie, Akupunktur, Massagen usw. eingesetzt, um zu vermeiden, dass man als Mensch an seinem Umgang mit dem Hund etwas ändern muss. Um diesen Beziehungskonflikt zu veranschaulichen, hier ein Beispiel.

Beispiel
Stellen Sie sich vor, Sie hätten Ihrem Hund beigebracht, sich hinzusetzen, um ein Leckerchen zu bekommen. Der Hund hat also gelernt, wie wir Menschen funktionieren, ohne Bücher über Konditionierungsformen gelesen zu haben. Auf einem Fest wird nun ein Feuerwerk abgebrannt, und siehe da: Weil Ihr Hund gerade kein Leckerchen haben möchte, sondern panische Angst hat, setzt er sich auf Ihren „Befehl" nicht mehr hin, sondern flüchtet – in Richtung Auto anstatt zu Ihnen. Daraufhin wird in der Regel eine Hundeschule besucht, um die „Knallangst" zu beseitigen. Dabei müsste eigentlich das Problem, dass der Hund anscheinend zu wenig Vertrauen zu Ihnen hat, um in Ihrer Nähe zu bleiben und sich an Ihrem Verhalten zu orientieren, besprochen und gelöst werden.

Vertrauensaufbau zwischen Mensch und Hund. Herrchen spielt mit dem Hund unter einem geöffneten Regenschirm, ohne den Regenschirm dabei zu beachten.

Foto linke Seite: Das Halti schüchtert viele Hunde ein, da der Hund sich in entscheidenden Momenten nicht mehr effektiv wehren kann. Zudem ist dieser pausenlose „Schnauzengriff" nicht nur unangenehm für den Hund, sondern auch unnatürlich.

Das ist die etwas unangenehme Seite eines Beratungsgesprächs beim Hundeerziehungsberater: Dort wird vor allem auch über Ihr Verhalten geredet und Sie müssen wahrscheinlich Ihre Einstellung und Ihre Kommunikation mit dem Hund ändern, um letztendlich Therapeut für ihn sein zu können. Leider konzentriert man sich deshalb lieber auf den Hund und versucht, ihn zu „heilen", z. B. mit den oben erwähnten unterschiedlichsten Therapieformen und systematischer Desensibilisierung. Verstehen Sie mich nicht falsch – natürlich kann ein Hund auch trotz guter Beziehung traumatisiert werden. Aber wenn vorher schon Vertrauen vorhanden war, wird er es seiner Bezugsperson weniger übel nehmen und man hat eine solide Basis, das Trauma effektiv zu behandeln. Dabei können auch die erwähnten Therapieformen eine gute Unterstützung sein.

Produkt versus Prozess

Wenn ein Hund als Welpe bei uns landet, ist es für uns Menschen meist extrem wichtig, dass er „Sitz", „Platz", „Fuß" und „Hier" lernt. Bei näherer Betrachtung ist eigentlich bloß das Letzte wichtig, vor allem dann, wenn der Hund gerade etwas anderes im Sinn hat und nicht mit uns beschäftigt ist. Auch die anderen Sachen werden meistens dann von ihm verlangt, wenn der Hund sich nicht hinsetzen oder hinlegen möchte. Es muss dem Hund reichlich komisch vorkommen, dass ihm beigebracht wird, sich hinzulegen. Das braucht er nämlich nicht zu lernen, das kann er schon seit seiner Geburt. Auch das Sitzen beherrscht er schon seit der dritten Lebenswoche und folgen würde er jedem, der sich in seinen Augen sinnvoll mit ihm beschäftigt. Was mögen Hunde wohl über menschliche „Rudelführer" denken, die ihnen nichts anderes beizubringen haben als das, was sie normalerweise sowieso schon können. In einem hündischem Rudel würde das ganz anders ablaufen. Da muss man sich nicht wundern, dass die meisten Hunde lieber mit Ihresgleichen kommunizieren, denn das macht aus ihrer Sicht viel mehr Sinn.
Kennzeichnend für eine primäre soziale Beziehung sind gleiche Zielsetzungen der Sozialpartner. Auch weitgehende Kenntnisse über die Persönlichkeit und die persönlichen Bedürfnisse des anderen sind sehr wichtig. Ebenso eine begrenzte Anzahl von Individuen und dauerhafte intensive Kontakte, vor allem aber eine intrinsische Bewertung der Beziehung (prozessorientiert). Das bedeutet: Wie man zusammenlebt, ist wichtiger als das, was unterm Strich erreicht wird. Dazu kommt durch die schon erwähnten Eigenschaften eine sehr verfeinerte Kommunikation. Es braucht nur wenig, um einander zu verstehen. Wenn in solchen Beziehungen einer der Initiator ist und somit die dominantere Rolle spielt, hat das nichts mit Machtlust oder Unterdrückung zu tun, sondern wird durch die anderen Mitglieder der sozialen Gruppe respektiert, weil es eben Sinn macht.
Bei einer sekundären sozialen Beziehung gibt es Unterschiede in der Zielsetzung, ja, sogar häufig konträre Ziele, nur spezielle und beschränkte Kenntnisse über Individuen und ihre Bedürfnisse, oberflächliche Kontakte und eine extrinsische Bewertung der Beziehung (produktorientiert). Hierzu möchte ich gern ein menschliches Beispiel geben.

1

Vertrauensaufbau

Wenn ein Hund misstrauisch gegenüber fremden Menschen ist, sollte das Vertrauen in seine Bezugsperson stark genug sein, um das für ihn wichtige Zielobjekt durch diese menschliche Gasse hindurch zu apportieren. Der Hund bemerkt nach anfänglicher Skepsis, dass ihm hier nichts Schlimmes passiert.

1–4) Der Neufundländer ist sich noch unsicher, ob er der Situation trauen kann. Nachdem er gemerkt hat, dass dies nicht bedrohlich ist, läuft er nun zielstrebig zum Preydummy (Futterbeutel).

2

3

4

Beispiel
Mein Bäcker hat Brötchen – ich nicht. Er möchte seine Brötchen loswerden und ich möchte keine kleinen Brötchen backen (Scherz) und daher welche kaufen. Allerdings möchte ich so wenig wie möglich dafür bezahlen. Er aber möchte so viel wie möglich dafür haben. Ich möchte eine gute Qualität genießen. Er möchte mit so wenig wie möglich das meiste herausholen. Das ist ein klassisches Beispiel für eine sekundäre soziale Beziehung. Ich interessiere mich nicht für seine persönlichen oder geschäftlichen Sorgen. Liefert er nicht das, was ich haben möchte, gehe ich einfach zum nächsten Bäcker, der es liefert (extrinsische Bewertung). Wenn der Bäcker jedoch ein guter Freund von mir ist und ich weiß, dass es ihm finanziell nicht so gut geht und dass er mir ebenfalls helfen würde, wenn es mir schlecht ginge, würde ich meine Brötchen sogar bei ihm kaufen, wenn sie etwas teurer und nicht gerade die besten wären. Hier zählt mehr die Beziehung als das Produkt.
Jetzt kommen wir wieder zur Kommunikation. Mein Freund, der Bäcker, wird spüren, wie wichtig es mir ist, dass es ihm gut geht (gleiche Zielsetzung). Deshalb wird das unsere Freundschaft festigen und verstärken. Alles, was man dem anderen gegenüber tut, hat eine bestimmte Auswirkung auf ihn, ist also Kommunikation. Es ist entscheidend, in welcher Beziehung man zueinander steht – primär oder sekundär, Sozialpartner oder Produkt.

Moderne Konditionierungstheorien ohne Bezug auf kommunikative Aspekte?

Anscheinend braucht man heutzutage nur zu wissen, wie man dem Hund auf für uns bequeme Weise beibringt, ein bestimmtes Verhalten zu produzieren. Hierarchie und Beziehungsformen sind für viele „moderne" Hundetrainer irrelevant. Man benötigt die ganze Dominanztheorie nicht mehr. Es geht doch im Wesentlichen nur darum, dass ich mit meinem Hund zurechtkomme, egal wo seine Bedürfnisse liegen. Hauptsache, ich habe kein Problem. Ethische Fragen sind meist lästig. Viele Trainingsformen bringen schnellen „Erfolg", wenn es darum geht, das Verhalten des Hundes zu modifizieren (verändern). Sie haben aber immer Konsequenzen für die Beziehung.

Beispiel
An einem meiner Seminare nahm ein Mann teil, der seinen Hund mit dem Ball motivierte. Der Hund war extrem auf den Ball fixiert und hatte kein Auge für die anderen Hunde um sich herum. Perfekt, sollte man meinen. Und tatsächlich hatte der Hund eine gute Beziehung – aber leider nur zu seinem Bällchen. Nachdem der Mann eine kleine Vorführung gegeben hatte, fragte ich ihn, ob ich den Ball haben dürfe. Und siehe da, der Hund blieb am Ball und hatte wenig Bezug zu seiner „Bezugsperson". Ich konnte die gleiche Vorführung mit ihm wiederholen, und als ich den Ball danach an eine andere Person weitergab, blieb der Hund immer dort, wo sein Bällchen war.

Erklärung
Dieser Hund war leider objektbezogen konditioniert. Die Verhaltensformen, die er gezeigt hat, sollten dazu dienen, dass er sein Bällchen wiederbekam, egal von wem. So hatte der Hund viele Abläufe kennen gelernt, die dazu führen konnten, dass er sein Objekt wiedererhielt. Am Ende ließ ich den Besitzer den Ball einfach für längere Zeit in der Hand halten. Daraufhin spulte der Hund sein gesamtes Trickrepertoire ab – Hinsetzen, Rolle und „Give me five" –, in der Hoffnung, dass irgendetwas davon funktionieren würde. Der instrumentalisierte Mensch war in diesem Fall jedoch „kaputt", wie ein Getränkeautomat, aus dem trotz Einwurf der Münze keine Dose herauskommt. Das führte dazu, dass der Hund auf direktere Weise versuchte, seinen Ball wiederzubekommen. Er sprang an seinem Herrchen hoch und versuchte, den Ball aus seiner Hand zu pflücken. Vergessen Sie nicht: Alles was man einem anderen gegenüber tut, hat eine bestimmte Auswirkung auf ihn, ist also Kommunikation. Der Mann hatte die Lerntheorie der instrumentellen Konditionierung prima befolgt und somit einen funktionierenden Hund. Aber auf der Beziehungsebene hatte der Hund wenig

Dieser Schäferhund ist objektorientiert und möchte, dass Jan dieses Objekt sofort an ihn abgibt.

Respekt vor ihm. Beziehung ist unabhängig von Situationen oder Abläufen, man „nimmt" sie überall mit hin. Sie steht oder fällt nicht bei An- oder Abwesenheit eines Gegenstandes. Kein Wunder, dass dieser Mann bei der Traumabehandlung der Knallangst seines Hundes wenig erfolgreich war. Wenn es für den Hund nämlich wirklich brenzlig wurde, konnte er sein Herrchen nicht plötzlich ernst nehmen.

Instrumentelle Konditionierung

B. F. Skinner hat die Gesetzmäßigkeiten der Verhaltensbeeinflussung, die er in seinem Labor vor allem bei Tauben und Ratten entdeckt hatte, wissenschaftlich festgehalten. Bei seinen Tests ging es nicht um artgerechte Haltung, Beziehung oder Gefühle, sondern nur um die rein wissenschaftlichen Testergebnisse. Die Tiere lernten durch „try and error" (Versuch und Irrtum) – ohne Beisein eines Menschen oder Artgenossen –, z. B. einen Schalter zu berühren, eine Pirouette zu machen oder den Kopf hochzurecken, wobei dieses Verhalten mit Futter bestärkt wurde. So konnte Skinner den Tieren unendlich viele Tricks beibringen, die mit ihrem natürlichen Verhalten nichts mehr zu tun hatten, ohne dass hierbei in irgendeiner Weise eine soziale Beziehung eine Rolle spielte.
Instrumentelle Konditionierung ist noch immer eine Konditionierungsform, bei der nicht die Beziehung, sondern das zu konditionierende Zielverhalten im Vordergrund steht. Also nicht der soziale Prozess, sondern das Endprodukt der Konditionierung ist das Entscheidende. Bei vielen Hundetrainingsformen wird das spontane, von sich aus gezeigte Verhalten des Hundes mit einem Signal belegt und mit einem Verstärker (Futter) bestätigt. Somit entwickelt sich ein selbstkonditionierendes Prinzip. Das Lernen wird nicht durch den Sozialpartner initiiert, sondern der Mensch ist lediglich Ersatz für Skinners Futterautomaten. Instrumentelle Konditionierung macht ein Lebewesen jedoch nicht sozialer.

Hier ein überzogenes Beispiel bei Menschen

Man möchte seinem Kind beibringen, auf die Toilette zu gehen. Hierzu bringt man das Kind ohne Unterhose in den Toilettenraum. Bewegt es sich zufällig in Richtung Klo, fällt ein Gummibärchen in einen Behälter an der Wand. Natürlich möchte das Kind dieses Gummibärchen haben. Um es leichter zu erreichen, klettert das Kind auf das Klo. Sitzt es auf dem WC, fallen auf einmal vier Gummibärchen in den Behälter. Jackpot! Gespannt wartet das Kind auf die nächsten Gummibärchen. Während des Wartens plätschert irgendwann der Urin ins WC, und siehe da, schlagartig liegen acht Gummibärchen in dem Behälter. Würde man dieses Kind später fragen, von wem es gelernt habe, ins WC zu pinkeln, wäre die Antwort vermutlich: „Von keinem. Das habe ich mir selbst beigebracht. Dazu brauchte ich niemanden." Ist dieses Kind erzogen, also sozial gut angepasst? Oder hat es sich einfach eine Verhaltensform, die sich lohnt, selbst beigebracht und wird sich mehr und mehr zum Opportunisten entwickeln, der seine Chancen zum eigenen Vorteil wahrnimmt?

Nach dem Prinzip der instrumentellen Konditionierung werden auch ganze Verhaltensketten – in Teilverhalten aufgeteilt – trainiert, und erst das Endprodukt, die gesamte Kette der Verhaltensformen, wird bestätigt. Diese Methode nennt man „shaping". Der Hund lernt eine ganze Kette von Abläufen kennen und verknüpft diese mit den situativen Komponenten: Zeitablauf und Umfeld. Das führt zur einer Form der Konditionierung, die ich als situative Konditionierung bezeichne. Die meisten Menschen hätten aber gern, dass das Verhalten ihres Hundes mehr von ihnen, der Bezugsperson, und weniger von der Situation abhängt. Logisch: Sie rufen den Hund z. B. zu sich und möchten, dass er dieses Verhalten zu Ende ausführt, auch wenn sich die Situation plötzlich ändert, weil etwa ein anderer Hund oder ein Reh auftaucht. Wenn man seinen Hund jedoch generell situativ konditioniert hat, kann man sich nicht von Fall zu Fall aussu-

Instrumentalisierung der Beziehung: der Mensch als Futterautomat.

chen, ob die Situation bestimmender für das Verhalten des Hundes ist oder man selbst (persönliche Beziehung). Wie gesagt: Die existierende Beziehung nimmt man überall mit hin. Leider muss man also feststellen, dass sich diese Form der Konditionierung von vorneherein nachteilig auf die Beziehung auswirkt, dass es mit der kommunikativen Basis also von Anfang an nicht stimmt.

Klassische Konditionierung

Auch die klassische Konditionierung wird in der modernen Hundeerziehung häufig ohne kommunikative Komponente (sprich: ohne Bezug auf eine Person), also beziehungslos eingesetzt.

Hund mit Fernbedienung – hier mit einem Masterplus am Halsband: Ganz bequem den Hund auf Knopfdruck „bedienen“ – mein Motto ist jedoch noch immer „Köpfchen statt Knöpfchen!“

Beispiel
Sie sind mit Ihrem Hund in der Küche und bereiten den Braten zu. Irgendwann gehen Sie in den Abstellraum, um die Kartoffeln zu holen. Sie haben Ihrem Hund kaum den Rücken zugedreht, da hat er sich schon das Fleisch von der Arbeitsplatte geholt. Als Sie zurückkommen, sehen Sie gerade noch, wie er das letzte Stück runterschlingt. Da Sie jetzt böse sind, zeigt Ihr Hund Meideverhalten, was Sie als Schuldgefühl interpretieren. Sie gehen nämlich davon aus, dass Ihr Hund das Fleisch „geklaut" hat. Der versteht Ihre negative Reaktion allerdings in keiner Weise, weil Sie ihm durch Ihr Abwenden von dem Fleisch selbst vermittelt haben, dass er jetzt an der Reihe ist und fressen darf. (Sie sehen, wie die Kommunikation zwischen Mensch und Hund oftmals auseinander klafft.)
Nun möchten Sie das „Klauen" des Hundes abstellen und besuchen mit ihm eine Hundeschule. Der Hundetrainer weiß einen guten Trick: Er setzt ein so genanntes Master-Plus-Gerät ein, ein ferngesteuertes Halsband, das auf Knopfdruck Zitronenspray oder Wasser in die Schnauze des Hundes spritzt. Nachdem Ihr Hund dieses Halsband ein paar Tage getragen hat, wird eine ähnliche Situation herbeigeführt – Sie haben Fleisch auf der Arbeitsplatte liegen und verlassen wieder die Küche. In dem Moment, wo der Hund Interesse an dem Fleisch zeigt, drückt der um die Ecke stehende Hundetrainer den Auslöseknopf für das Halsband. Der Hund erschrickt tierisch und nimmt daher kein Fleisch von der Arbeitsplatte.
Das Training war erfolgreich, Sie sind zufrieden und der Trainer kassiert sein Geld. Nur der Hund hat ein fettes neues Problem. Denn was bedeutet „tierisch erschrecken"? Weil Tiere Naturgesetze nicht so erklären können wie wir Menschen, kann der Hund zwar verknüpfen: Wenn ich das Fleisch nehmen möchte, passiert etwas Gefährliches. Er kann aber nicht nachvollziehen, warum es passiert, woher es kommt. Das ängstigt ihn, ja, kann ihn unter Umständen ernsthaft traumatisieren. Wie die Neandertaler früher an böse Götter wie Wodan und Donar glaubten und sich vor ihnen in ihre sichere Höhle zurückzogen, so ähnlich hat heutzutage noch unser Hund häufig Angst vor Dingen, die er sich nicht erklären kann. Und wenn diese „Götter" einen sogar in der sicheren Wurfhöhle (Haus) körperlich treffen können, fühlt man sich als Hund logischerweise nirgends mehr sicher.
Der Hundetrainer hat vermeintlich dem Kunden geholfen, in Wahrheit jedoch – hoffentlich nur aus Unwissenheit – dem Hund ein Problem bereitet und der Beziehung zwischen Mensch und Hund keinen Gefallen getan.

Es gibt viele Fachkollegen, die es für sinnvoll halten, Hunde situativ zu korrigieren. Situative Korrektur bedeutet, dass nicht die Bezugsperson selbst ihren Hund korrigiert, sondern dass in der Situation ein aus heiterem Himmel kommender Verhaltensdurchbrecher das unerwünschte Verhalten des Hundes unterbricht und somit korrigiert. Kurz gesagt, die Situation als solche wird bedrohlich für den Hund. Die verheerenden Auswirkungen, die das haben kann, konnte ich bei einem am Zaun kläffenden Hund beobachten, der die Passanten verbellt hat. Bei diesem Hund war ein Tele-Tact-Gerät (Stromhalsband) eingesetzt worden. Mit Erfolg! Der Hund blieb weiterhin allein im Garten und hat nicht mehr am Zaun gekläfft. Als allerdings jemand das Grundstück betrat, hat der Hund diese Person ohne jede Vorwarnung attackiert. Wie mag dieser Hund wohl die Situation mit dem

Diskscheiben: In Ausnahmefällen kann man seinen Hund über einen Schreckreflex korrigieren. Er hat aber ein soziales Recht darauf, zu wissen, von wem die Korrektur kommt.

Negativreiz (Stromstoß) verknüpft haben? Hätte nur eine Verknüpfung mit dem Zaun stattgefunden, hätte der Hund den Menschen ohne Zaun davor vielleicht verbellt. Anscheinend hat er den Negativreiz aber mit den fremden Menschen auf der anderen Seite des Zauns verknüpft, die er als Eindringlinge in sein Territorium empfand, sprich: als potenzielle Gefahr für seine Ressourcen. Der negative Reiz durch das Tele-Tact-Gerät hat sein Empfinden diesbezüglich noch verstärkt.
Da Kläffen offenbar unangenehme Folgen nach sich zog, hat er es auch unterlassen, als tatsächlich jemand auf das Grundstück kam, und stattdessen direkt attackiert.

Klassische Konditionierung und Kommunikation

Auch Hunde untereinander korrigieren unerwünschtes Verhalten der anderen auf eine Weise, die man klassische Konditionierung nennen könnte. Hier wird ebenfalls ein Schreckreflex, ja, ab und zu sogar ein Schmerzreflex ausgelöst. Der wird allerdings immer mit dem Sozialpartner in Verbindung gebracht. Ich persönlich finde es ethisch nicht vertretbar, einen Hund auf Knopfdruck funktionieren zu lassen, also durch situative Korrektur. Trotzdem vertrete auch ich klassische Konditionierung. Allerdings möchte ich sie als Teil der Kommunikation zwischen Sozialpartnern verstanden wissen. Ein Hund hat ein Recht darauf, zu erkennen, vom wem er korrigiert wird, nämlich von seiner Bezugsperson. Vor allem aber muss für ihn nachvollziehbar sein, warum er korrigiert wird.

Die taktile Korrektur sollte auf artgerechte Weise geschehen und der Situation und Hundepersönlichkeit angemessen sein.

Ein klassisch konditionierter Reiz ist nicht unbedingt nur ein negativer Reiz für den Hund. Bei gut aufgebautem Pfeifentraining hat das Pfeifsignal eine sehr positive Bedeutung.

Zurück zu den beiden Beispielen

Den Braten lasse ich fairerweise nicht auf der Arbeitsplatte liegen, wenn mein Hund im Raum ist und ich diesen verlasse. Oder die Küche ist grundsätzlich nicht für meinen Hund zugänglich, ob mit oder ohne Fleisch auf der Arbeitsplatte. Der Kläffer am Zaun sollte grundsätzlich nicht allein im Garten bleiben müssen, da er dadurch genötigt wird, das erwähnte Problemverhalten zu entwickeln. Seien Sie also nicht naiv. Die wichtigste Voraussetzung für eine gelingende Erziehung ist, einen voraussehenden Blick zu entwickeln und nicht erst dann zu handeln, wenn das Kind bereits in den Brunnen gefallen ist.

Klassische Konditionierung sollte also im Sozialbezug ablaufen und nicht wie im Pawlow'schen Versuchslabor, wo der Speichelreflex beim Hund durch das Geräusch einer Glocke (neutraler Reiz) bereits vor der Futtergabe ausgelöst wird. Solche Reize sind mechanisch und haben daher nichts mit dem Aufbau einer Beziehung zu tun. Wenn dagegen das Muttertier mit gefülltem Magen vor der Wurfhöhle winselt, um die Welpen zu sich zu rufen, wird bei denen der Speichelreflex zwar schon durch das Winseln hervorgerufen. Die Welpen wissen aber: Mama ist wieder da, und „Mama" bedeutet hier auch „Manna" (Essen). Auf ähnliche Weise kann man einen Hund klassisch konditionieren – mit Bezug auf denjenigen, der das Essen bringt: seine Bezugsperson. Auch hier findet dann eine Verknüpfung zwischen dem durch die Bezugsperson gegebenen Reiz und dem Futter statt, allerdings in der Hoffnung, dass hierbei die Person mit verknüpft wird. Wenn ein Züchter frühzeitig beginnt, kurz vor und am Anfang der Futtergabe mit einer Pfeife ein Signal zu geben, wird er entdecken, wie stark die Welpen dies mit seiner Person verknüpfen. Auch wenn ein anderer das Pfeifsignal gibt, laufen die Welpen in der Regel erst mal zum Züchter. Wenn der spätere Besitzer diese Form der klassischen Konditionierung beibehält, wird er für den Hund eine ähnliche Bedeutung bekommen: Ersatzmutter, Essen, Überleben. Klassische Konditionierung ist erst dann Teil einer Beziehung, wenn der Empfänger den Reiz mit demjenigen, der die Botschaft sendet, assoziiert.

1–3) *Man beginnt mit der Übung „Auf Pfiff herankommen“, wenn der Welpe schon bei einem ist und somit das gewünschte Zielverhalten zeigt. Während des Fütterns pfeift man.*

4–6) *In einer späteren Phase ist der Welpe auf Abstand. Hört er den Pfiff, läuft er auf einen zu, wenn das Pfeifsignal mit Futter und Person verknüpft worden ist.*

1

2

3

Nur zu häufig ruft man den Hund zu sich, um ihn von etwas abzuhalten. Zum Beispiel von einem anderen Hund, einem Jogger, Radfahrer, zu dem er hinlaufen möchte. Dies bedeutet eine Einschränkung für den Hund.
Viel positiver wäre es, wenn er zu uns kommen dürfte, weil wir mit ihm etwas Tolles machen wollen. Hierfür ist es allerdings erforderlich, dass das Zurückkommen von Anfang an positiv geprägt wird.

1) Dieser Welpe möchte liebend gerne zu Frauchen, weil das gemeinsame Apportieren Spaß macht.

2) Als Frauchen ruft, bedeutet dies: „Endlich darf ich kommen."

3) Das Zurückkommen bedeutet, dass beide wieder weiter spielen können und ist somit keine Einschränkung, sondern bietet neue Chancen.

Soziales Lernen

Es gibt einen geringfügigen Unterschied zwischen instrumenteller Konditionierung und operanter Konditionierung. Bei der instrumentellen Konditionierung wird das Verhalten als Instrument eingesetzt, um eine Belohnung zu erhalten. Bei der operanten Konditionierung hingegen entsteht das Verhalten des Individuums spontan aus freiem Willen.
Leider wird dieses Verhalten oft auch zur Form des individuellen Selbstlernprinzips. Deswegen bin ich ein absoluter Anhänger von der meist natürlichen Art des Lernens bei sozial lebenden Säugetieren, dem sozialen Lernen. Beim sozialen Lernen gibt es eine Person, die vom Lernenden als wichtiges Vorbild für seine persönliche Entfaltung gesehen wird. So entsteht auf natürliche Weise die Tendenz, diese Identifikationsperson nachzuahmen. Das Individuum lernt auch hier "frei" und "will ich“ (freiwillig). Jedoch nur das, was es selbst für sinnvoll und wichtig hält.
Beim sozialen Lernen wird der Lehrende eine coachende, unterstützende Rolle in dem Lernprozess des Lernenden einnehmen. Bei diesen Prozessen spielt Kommunikation die Hauptrolle. Der Lernende sucht förmlich die Kommunikation mit der für ihn wichtigen lehrenden Person. Der Lernende erlaubt dem Lehrer, auf sein Verhalten Einfluss zu nehmen, weil er mehr und mehr davon ausgeht, dass der Einfluss von dieser Person für ihn sinnbehaftet und nützlich ist. Dies drückt der englische Spruch aus "It must make sense, be useful to become meaningful." Übersetzt: "Es muss sinnvoll und nützlich sein, um bedeutungsvoll zu werden."
Der Mensch hat keinen Führungsanspruch dem Hund gegenüber, vielmehr sollte er sich als guter Elternersatz und Lehrer verhalten, um für den Hund eine sehr wichtige Person in seinem Leben zu werden und so einen maßgeblichen (dominanten) Einfluss ausüben zu können.

Beispiel
Da unser Australian Shepherd „Belmondo“ unendlich gern gemeinsam mit mir etwas unternimmt, war es nicht schwierig, ihm beizubringen, meinen Schlüsselbund zu suchen. Schließlich war das eine Voraussetzung dafür, dass wir draußen loslegen konnten. Apportieren hatte er schon gelernt. Zunächst haben wir Apportierspiele mit dem Schlüsselbund gemacht. Sobald Belmondo den Schlüsselbund aufgenommen hatte, sagte ich in lobendem Tonfall „key“ (Schlüssel). Direkt nach dem Apportierspiel gingen wir mit dem Schlüsselbund nach draußen, wo wir mit einer spannenden Unternehmung, wie z. B. Fährtenarbeit, begannen. Beim nächsten Mal wurde der Schlüsselbund versteckt und Belmondo mit dem Signal „Such key“ in die richtige Richtung zum Suchen geschickt. Sobald er den Schlüsselbund gefunden hatte, folgte wieder eine Aktivität draußen. Der nächste Schritt war, Belmondo in einen Raum von links nach rechts zum Suchen zu schicken. Danach kam eine Phase, in der ich ihn nur in den Raum brachte, in dem der Schlüssel lag, und inzwischen ist es so, dass Belmondo im ganzen Haus nach dem Schlüssel sucht und ich bloß noch geschlossene Türen für ihn öffne. So bleibt das Ganze auf jeden Fall Teamarbeit

zwischen uns. Mittlerweile genießt Belmondo sein Können und demonstriert es auch in Fällen, wo andere Menschen ihren Schlüssel verloren haben. So hatte eine meiner Mitarbeiterinnen im Hundezentrum unseren Schlüssel auf der großen Trainingswiese verloren. Sie war schon eine gute Stunde am Suchen und kam leicht verzweifelt zurück. Ich sagte ihr, dass Belmondo und ich versuchen würden, den Schlüssel zu finden. Und tatsächlich – nach etwa zehn Minuten Flächensuche (Revieren) auf der Wiese hatte Belmondo den Schlüssel im Maul. Stolz wie Oskar hat er ihn mir gebracht. Selbstverständlich habe ich die erfolgreiche Jagd durch ausgelassene Apportierspiele mit einem extra lecker gefüllten Preydummy (Leinenbeutel) mit ihm gefeiert.

Erklärung

Bei diesem Lernprozess spielte ich die initiierende Rolle. Dabei habe ich Belmondos natürlichen Jagdinstinkt weiterentwickelt und vor allem der Kommunikation zwischen uns große Bedeutung zugemessen. Sein natürliches Jagdverhalten ist durch meine Konditionierung in einer Form modifiziert (verändert) worden, die in seiner sozialen Gruppe eine wichtige Funktion erfüllen kann und somit zu sozialer Anerkennung führt. Ich kann mich des Eindrucks nicht erwehren, dass in solchen Momenten sein Selbstwertgefühl verstärkt wird. Er bekommt ein gutes Gefühl von sich, von mir, kurz gesagt: von uns, seinem sozialen System.

„Sitz" und „Down" als Teil der Zusammenarbeit während des gemeinsamen Jagdspiels.

Emotionen

Emotionen werden vom so genannten „Althirn“, sprich: vom „limbischen System“, gesteuert. Dieser Gehirnteil sieht bei Mensch und Hund ziemlich ähnlich aus. Bis das Gegenteil bewiesen ist (die Beweislast liegt bei der Wissenschaft), müssen wir also wohl davon ausgehen, dass Hunde ähnliche Emotionen kennen und verspüren wie wir Menschen. Dazu muss man natürlich sagen, dass jedes Individuum aufgrund seiner Entwicklung, Erfahrungen und Veranlagung anders mit Emotionen umgeht. Dennoch steht für mich unzweifelhaft fest, dass Hunde Emotionen wie Liebe, Wut, Hass, Freude, Begeisterung oder auch Trauer kennen. Wenn unser Hund ein Sozialpartner für uns sein soll und somit Konditionierung als Erziehung zu verstehen ist, sollten innerhalb dieser Beziehung Emotionen immer eine Rolle spielen! So wie in jeder guten menschlichen Partnerschaft.

Emotionsfreie Konditionierung?

Die im Hundetraining heutzutage sehr populäre instrumentelle Konditionierung wird noch stärker in Richtung Skinners „Behaviourismus“ perfektioniert, indem das Geräusch eines Instruments mit einer Leckerchengabe verknüpft wird. Die Begründung hierfür lautet, dass man mit diesem Geräusch zum genau richtigen Zeitpunkt und gleich bleibend emotionsfrei das erwünschte Verhalten verstärken kann. Dadurch wird der Hund leider zu einer programmierbaren Maschine gemacht. Er wird zu einem Tier degradiert, das so primitiv ist, dass es wohl mit einem Leckerchen zufrieden sein wird. Wenn wir unseren Hund dagegen als Sozialpartner sehen, weil er nun mal ein hoch entwickelter sozial lebender Beutegreifer ist, stellt sich die Frage, ob wir auch unsere anderen Sozialpartner so konditionieren würden. Meistens erhalte ich darauf die Antwort: „Nein, natürlich nicht.“ Dann erwidere ich, dass es auch für unseren Hund völlig widernatürlich ist. Warum wir Menschen einander nicht auf diese Weise konditionieren, lässt sich leicht erraten. Das Zauberwort heißt Kommunikation. Weil wir einander verstehen, werden wir den Emotionen innerhalb der Kommunikation und der Verhaltensbeeinflussung untereinander eine wichtige Rolle beimessen, da sie unsere Empfindungen und Empfindlichkeiten widerspiegeln und zudem zeigen, wie der andere auf uns wirkt. Positive und negative Emotionen spielen dabei eine gleichermaßen wesentliche Rolle.

Wenn Sie Ihre Emotionen zeigen, lernt Ihr Hund Sie auch besser kennen.

Positive Emotionen

Ich persönlich halte es für falsch, im Konditionierungsprozess unseres Hundes unsere Emotionen auszuschalten. So ist es für mich völlig logisch, dass wir unseren Hund, richtig getimt, durch unsere positiven Emotionen stimulieren können. Das klappt sogar besser als mit einem instrumentellen Verstärker, weil wir nicht davon abhängig sind, dass wir das Instrument rechtzeitig in unserer Jacke finden oder dass das Gerät auch funktioniert. Ich kann meinen Hund genauso gut mit meiner begeisterten Stimme als Verstärker konditionieren. Der Hund spürt meine positive Stimmung, weil er die Stimme mit positiven Erfahrungen verknüpft hat. Wenn ich allerdings häufig ohne besonderen Anlass auf positive Weise mit ihm rede, verliert meine positive Stimme ihre Bedeutung für ihn. Es ist also ein Fehler, den ganzen Tag auf den Hund „einzulabern".

Negative Emotionen

Ein Ehepaar, das über fünfzig Jahre miteinander verheiratet ist, braucht wenig Worte, um sich zu verstehen. Wenn die beiden morgens nebeneinander wach werden und sich in die Augen schauen, kann es sein, dass sie denkt: Heute lasse ich ihn besser in Ruhe, weil er schlechte Laune hat. Nicht nur Menschen, sondern auch Hunde kennen schlechte Laune. Unsere schlechte Laune können wir vor unserem Hund nicht verheimlichen. Dann denken die meisten Hunde, genau wie die langjährige Ehefrau: Besser meide ich meinen Menschen heute etwas und komme ihm nicht in die Quere. Es ist ratsam, dann auch den Hund in Ruhe zu lassen, da man sonst womöglich auf alles, was einem nicht passt, zu verärgert reagiert. Trotzdem darf man meines Erachtens vor allem bei Tabus, die durch den Hund nicht eingehalten werden, auch richtig sauer sein. Allerdings möchte ich darauf hinweisen, dass sich negative Emotionen bei uns Menschen häufig ganz langsam entwickeln – und anders als beim Hund verschwinden sie auch genauso langsam wieder.

Wenn ein Hund einem anderen ein Tabu setzt, tut er das (wie bereits beschrieben) gleich beim ersten Mal auf unmissverständliche Weise: Er ist stinksauer. Reagiert der andere wie gewünscht, ist die negative Stimmung im nächsten Moment schon wieder verflogen. Wir Menschen neigen dazu, dem Hund auf vorsichtige Weise zu erklären, dass wir das, was er gerade tut, nicht so toll finden. Setzt der Hund sein Verhalten fort, steigern wir uns allmählich in unsere negativen Emotionen hinein, obwohl wir an der Reaktion des Hundes erkennen müssten, dass er unser Signal beim ersten Mal nicht verstanden hat. Besser ist es, andersherum vorzugehen: Gleich beim ersten Mal verhalten wir uns unmissverständlich, um die gewünschte Reaktion beim Hund hervorzurufen. Wenn er reagiert, sollten wir unsere Emotionen flott wieder auf neutral schalten, um in Zukunft mit geringeren Gesten wirksame Tabus setzen zu können. So können wir erreichen, dass der Hund uns irgendwann bereits versteht, wenn er uns nur anguckt und unsere Mimik lesen kann.

Eine Beziehung ohne Emotionen ist wie das Leben in einer Skinner-Box: clean, kalt und gefühllos. Wenn notwendig, seien Sie böse mit Ihrem Hund, aber bitte auf für ihn verständliche Weise. Geben Sie ihm eine Chance, richtig auf Ihre Laune zu reagieren. Verstehen Sie auch seine Launen und gönnen Sie ihm dann auch seine Ruhe, wenn er einen schlechten Tag hat. Freuen Sie sich gemeinsam mit Ihrem Hund!

Positive Emotionen spielen in der Konditionierung des Hundes eine wichtige Rolle, weil diese die Beziehung widerspiegeln.

Kommunikation zwischen Mensch und Hund

Fehlkommunikation zwischen Mensch und Hund

Wie Mensch und Hund einander falsch verstehen

Es gibt leider unzählig viele Beispiele, die ich hierzu schildern könnte – ein ganzes Buch könnte man damit füllen. Wir Menschen stellen in der Beziehung mit unserem Hund immer uns in den Mittelpunkt. Wir denken anthropozentrisch und gehen davon aus, dass das, was wir gern mit dem Hund tun, natürlich auch dem Hund Spaß macht. Wie die Kommunikation auf diese Weise aneinander vorbeigehen kann, möchte ich anhand einiger Beispiele schildern.
Immer wieder kommen Menschen z. B. mit einem jungen Border Collie (Hütehund) zu mir in mein Hundezentrum und erklären: „Ich habe mir einen Border Collie angeschafft, weil ich gern Agility mit ihm machen möchte." Die meisten Menschen reagieren völlig verdutzt, wenn ich sie frage, was der Hund wohl am liebsten mit ihnen tun möchte. Sie gehen automatisch davon aus, dass der Hund sich einfach ihren Wünschen anpasst. Diesen Menschen erzähle ich meistens Folgendes:
Da ich Bungeejumping liebe, erscheint es mir selbstverständlich, dass meine Frau Christiane es ebenfalls mag – auch wenn sie selbst noch nichts davon weiß. Schon ihre Aufregung, wenn ich sie in das Geschirr schnalle, zeigt deutlich ihre Vorfreude. Zwar muss ich sie noch jedes Mal von oben hinunterschubsen, aber während sie fällt, schreit sie schrill vor lauter Lebensfreude. Das Einzige, was mich immer wieder wundert, ist, dass sie danach so tut, als ob sie böse mit mir wäre, obwohl ich ihr doch diesen Gefallen getan habe.

Beispiel

So ist es oftmals auch beim Hundesport Agility. Samstagnachmittags, wenn die Einkäufe und der Haushalt erledigt sind, geht es zum Hundeplatz. Dort trifft man auf andere nette Hundebesitzer nebst ihren Vierbeinern. Aufgeregt bellen

Fehlkommunikation. Wenn ein Hund etwas tun muss, möchte er es meist nicht mehr. Dieser Husky ist stark nach außen orientiert und verlässt sich in dieser Situation nur auf sich und nicht auf Frauchen.

die Hunde schon im Auto oder in den extra gebauten Hundeboxen („Vorfreude"), während ihre Zweibeiner die Parcoursgeräte auf dem Platz aufstellen. Danach werden alle Hunde aus dem Auto geholt und am Zaun des Platzes festgebunden. Nach und nach darf jeder Hund mit Frauchen oder Herrchen den Parcours ablaufen. Die angebundenen Artgenossen stehen meist kläffend „vor Begeisterung" am Zaun und beobachten den Hund auf dem Platz. Die meisten Hunde sind im Parcours so „übermotiviert", dass sie – mehr oder weniger unter Kontrolle – kläffend über die Hindernisse gehen. Bei plötzlichen Wendungen des Menschen zeigt sich die „gute Beziehung" zwischen Mensch und Hund, da der Hund durch „liebevolles" Zwicken in Arm oder Bein des Besitzers wieder Körper-

Eine sinnvolle Alternative für die Jagd auf echtes Wild führt dazu, dass Donovan trotz anwesender Beutetiere sich gerne auf die Hetzjagd auf den Preydummy, auf Beuteersatz, einlässt. Am Ende findet er es schade, sein Futter zu bekommen, da er gerne noch weitergemacht hätte.

kontakt mit ihm sucht. Am Ende des Parcours springt der Hund dem Menschen „euphorisch" in die Magengegend. Der Mensch ist begeistert darüber, wie toll es mal wieder geklappt hat – und der Hund ist froh, dass der Stress vorbei ist und seine Bezugsperson sich nach seiner Korrektur wieder normal verhält. Nachdem der Parcours zwei- bis dreimal gelaufen wurde und Frauchen oder Herrchen mit den anderen Zweibeinern gemütlich noch etwas getrunken hat, fährt man oder frau zufrieden nach Hause.

Erklärung

Was ist hier passiert? Viele Hunde, die im Alltag die Führung über ihre Menschen haben, sind durch den Kontrollverlust über ihre Menschen beim Agility frustriert. Plötzlich macht der Mensch Anstalten, nach vorn zu rennen und ist anscheinend außer Rand und Band. Der Hund gibt sich deshalb alle Mühe, seinen Menschen hinter sich zu lassen, und läuft kläffend vor ihm her. Das ist häufig eine der Ursachen, warum Hunde zu früh von Hindernissen abspringen: um vor ihrem Menschen weiterlaufen zu können. Bei plötzlichen Kurven, bei denen der Mensch auf einmal vorne ist, ziehen manche Hunde sogar die Notbremse, in dem sie ihre Besitzer anspringen oder gar zwicken. Des Weiteren regen sich viele Hunde fürchterlich auf, wenn ein anderer Hund über den Parcours rennen darf, während sie selbst in ihrer Bewegungsfreiheit eingeschränkt sind. All diese Dinge werden von den meisten Besitzern als Übermotiviertheit interpretiert. In Wirklichkeit ist es leider extremer Frust, der zu solchem Verhalten führt. Die Frustration beschleunigt die meisten Hunde im Parcours. Die „Vorfreude" ist lediglich die bereits geprägte Erwartung des bevorstehenden Stresses. Glücklicherweise wird in immer mehr Vereinen Agility auf vernünftigere Weise aufgebaut. Hier werden die Hindernisse für Vertrauensübungen benutzt, um die Beziehung zwischen Mensch und Hund zu fördern, nicht in erster Linie für Turniersport, bei dem es um Schnelligkeit und Pokale geht.

WICHTIG

Meine Devise lautet: Finden Sie heraus, welche Aktivitäten Ihr Hund mag, weil er sie wahrscheinlich besonders gut kann. Wenn Sie solche Aktivitäten mit ihm betreiben, werden Sie gemeinsam mehr Spaß erleben.

Auch Folgendes gibt es bei Agility: Hunde, die kaum zu motivieren sind und langsam wie eine Schnecke über den Parcours gehen. Viele Besitzer solcher Hunde sind natürlich ungemein frustriert und fragen mich: „Was mache ich falsch?" Meine Antwort lautet dann meistens: „Wenn Sie für Ihre Kinder Leber zubereiten und die Kinder sie, egal welche Kräuter Sie benutzen, nicht essen, könnte man sich dieselbe Frage stellen. Vielleicht mögen Ihre Kinder Leber in keiner Form, und Sie würden ihnen mit Fischstäbchen einen viel größeren Gefallen tun." Das könnte auch die Antwort auf das Agility-Problem solch eines Hundes sein: Vielleicht würde ihm Fährtenarbeit mehr Spaß bereiten.

Aus "Barrel Race" für Cattle Dogs wurde "Treibball", ein soziales Regelspiel, das den Teamgeist und die Kommunikation zwischen Mensch und Hund stärkt.

Barrel-Race für Cattle Dogs

Im fortgeschrittenen Training einer Kundin mit ihrem Hund fangen wir mit dem „Sortieren" an. Dabei wird z. B. ein mit Futter gefüllter Preydummy (Leinenbeutel) unter einen von vier aufgestellten Pylonen (Hütchen) gelegt. Der Hund soll den Dummy finden und apportieren. Statt die richtige Pylone anzuzeigen oder umzuwerfen, apportiert der Australian Cattle Dog (Treibhund), alle Pylonen zu Frauchen. Als sie enttäuscht ist, sage ich: „Das macht nichts, wir benutzen einfach die Wassereimer deiner Pferde." Aber auch die apportiert der Hund, indem er sie Richtung Frauchen rollt. Jetzt ist sie komplett frustriert und meint: „Das wird mit meinem Hund wohl nicht klappen." Ich erkläre, dass der Hund seinerseits vielleicht das Gleiche denkt: Wann schnallt Frauchen endlich, dass es Spaß macht, diese Gegenstände einzusammeln? So haben wir Barrel-Race für Cattle Dogs entwickelt – das Einsammeln der Eimer. Die Elemente anpiercen, nach vorn schicken, nach links und rechts schicken, abstoppen mit „Down" auf Pfiff haben das Ganze zu einem höchst interessanten Spiel für Cattle Dog und Frauchen gemacht.

Swift und die „Konsequenz"

Ein anderes Spiel treibt der Collie-Schäfer-Mix „Swift" mit seinem „konsequenten" Hundehalter: Nachdem Swift seine Bezugsperson, Herrn Müller-Lüdenscheidt, beim Nach-Hause-Kommen schon an der Tür ausgiebig begrüßt hat (Herr Müller-Lüdenscheidt ist nämlich sehr wichtig für seinen Hund), möchte der sich ungestört auf der Couch seiner Tageszeitung widmen. Kaum hat er die Zeitung aufgeschlagen, stupst Swift mit seiner Schnauze dagegen. Herr Müller-Lüdenscheidt streichelt Swift über den Kopf und sagt: „Ja, ja, ich weiß, du hast mich vermisst." Dann schickt er Swift auf seine Decke. Der Hund geht zögernd in die Ecke, wo die Decke liegt, dreht sich in Richtung Herrchen und streckt die Vorderbeine aus, während er Herrchen anguckt. Herr Müller-Lüdenscheidt kontrolliert mit einem Blick über die Zeitung, ob Swift das gegebene Kommando auch ausführt, und sagt nochmals: „Swift, leg dich!" Langsam senkt sich nun auch Swifts Po. Seine Rute bleibt allerdings hoch erhoben, während er damit

Sandy liebt Treibball und versteht die Signale von Ramona nicht als Kommando, sondern als Hilfestellung und Unterstützung ihrer Aktionen.

wedelt. „So ist's brav", lobt Herr Müller-Lüdenscheidt und liest weiter. Dann hört er aber, wie Swift aufsteht, und sieht, dass der Hund einen Schritt in seine Richtung gemacht hat. Herr Müller-Lüdenscheidt, der in der Hundeschule gelernt hat, konsequent zu sein, schickt seinen Hund zurück auf die Decke. Swift weicht einen Schritt zurück und steht mit einem Grinsen im Gesicht hechelnd da (er lacht sich halb tot). Dabei bleibt die Rute oben und wedelt. Jetzt sagt Herr Müller-Lüdenscheidt etwas energischer: „Und mach Platz!" Swift streckt die Vorderpfoten nach vorn und guckt Herrchen noch immer an. Herrchen guckt durchdringend zurück, Swift legt sich sehr langsam hin. Herr Müller-Lüdenscheidt liest seine Zeitung weiter. Nochmals bemerkt er, dass Swift aufsteht und sogar mehr als zwei Schritte auf ihn zugeht. Jetzt wird es Herrn Müller-Lüdenscheidt zu bunt. Er legt die Zeitung weg und steht von der Couch auf, um in Swifts Richtung zu gehen. Gleichzeitig ruft er mit Nachdruck: „Jetzt aber dalli, auf deine Decke!!!" Swift rennt zurück und stürzt sich sofort auf die Decke, wobei seine Ohren aber immer noch frech nach vorn gerichtet sind und er keck in Herrchens Gesicht guckt. Konsequenterweise lobt Herrchen seinen Hund: „So bist du ein Braver." Er kehrt zu Couch und Zeitung zurück, wobei er Swift allerdings genau im Auge behält. Obwohl er die Zeitung vor der Nase hat, guckt er noch eine Weile kontrollierend in Swifts Richtung.

Erklärung

Gleich beim Heimkommen will Swift Herrn Müller-Lüdenscheidt klar machen, dass er seine ungeteilte Aufmerksamkeit haben möchte. Also fängt das Aufmerksamkeitstraining für Herrchen bereits bei der Tür an. Wenn Herrchen dann durch so etwas unwichtiges wie ein Stück Papier abgelenkt wird, wird es Zeit für Swift, andere Maßnahmen zu ergreifen. Er stupst Herrchen an, womit er sagen möchte: „He, hallo, hier bin ich. Achte auf mich!" Als Herr Müller-Lüdenscheidt darauf mit dem Kommando „Decke" reagiert, bringt das Swift sofort auf eine gute Idee. Ohne je ein Buch über Konditionierung gelesen zu haben, weiß er, dass er Herrn Müller-Lüdenscheidt für die ihm geschenkte Aufmerksamkeit bestätigen muss. Doch schon beim ersten Mal zögert Swift die Verstärkung

Auch Hunde möchten sich entspannen und einmal nichts tun. Vor allem Herdenschutzhunde sind in der Regel Minimalisten.

etwas hinaus, indem er sich erst, nachdem er nochmals angesprochen wurde, langsam hinlegt. Sich auf die Decke zu legen macht auch Sinn, weil vor allem das Aufstehen und Von-der-Decke-Weggehen dafür sorgen, dass Swift sofort Herrn Müller-Lüdenscheidts volle Aufmerksamkeit bekommt. Wiederum versucht Swift, die Aufmerksamkeit so lange wie möglich auf sich zu lenken, und sobald Herrchen sich lästigerweise durch die Zeitung von seinem Aufmerksamkeitstraining ablenken lässt, steht Swift wieder auf. Siehe da, ein Riesenerfolg! Noch eine Woche Training und Herrchen kommt schon fast auf Kommando zu Swift. Er legt sogar das unwichtige Stück Papier beiseite. Jetzt hat Herrchen den Jackpot verdient und deshalb legt sich Swift schlagartig wieder auf die Decke. Herr Müller-Lüdenscheidt denkt: Konsequent sein führt letztendlich doch zum Erfolg – und Swift denkt exakt das Gleiche. Die Fehlkommunikation hat ganz

offensichtlich zur Fehlkonditionierung geführt. Wer konditioniert hier wen auf welches Zielverhalten hin? Beide Individuen glauben die erzieherische Rolle zu haben.
Ein Hund, der im Haus nur Beachtung findet, wenn auf ihn bezogene Aktivitäten stattfinden (knuddeln, spielen usw.) wird sich in den Zeiten, wo er nicht beachtet wird, meistens ruhig und ausgeglichen verhalten. Daher ist es wichtig, den Hund im Haus nicht ständig anzusprechen oder herumzukommandieren. Das Haus sollte für ihn ein Ruheplatz sein.

Nach gemeinsamer Arbeit nun die Entspannung.

Hierzu ein Beispiel (frei nach Loriot)

Ich sitze im Wohnzimmer im Sessel, Christiane arbeitet wie immer in der Küche (Scherz). Plötzlich kommt sie ins Wohnzimmer und fragt mich: „Was sitzt du da herum? Möchtest du nicht die Zeitung lesen?" Ich antworte: „Nein, ich sitze hier und möchte mal nichts tun. Im Übrigen haben wir noch keine Zeitung von heute." Christiane läuft wieder Richtung Küche und ruft: „Wenn du dann die Zeitung beim Kiosk holst, vergiss nicht, den Schal umzubinden! Es ist kalt draußen." Ich erwidere: „Ich möchte hier sitzen bleiben und nichts tun." Sieben Minuten später kommt Christiane wieder ins Wohnzimmer und fragt: „Sitzt du noch immer hier? Ich dachte, du wolltest die Zeitung holen." – „Nee", sage ich, „ich sitze hier und möchte nichts tun." – „Geh doch ein bisschen an die frische Luft! Das tut dir bestimmt gut." Ich sage: „Nee, ich bleib hier sitzen und möchte nicht gestört werden." Christiane verschwindet wieder in der Küche. Nach weiteren sieben Minuten kommt sie erneut ins Wohnzimmer. „Sitzt du noch immer da? Du wolltest doch einen Spaziergang machen." – „Ich möchte überhaupt nichts und vor allem nicht gestört werden!", rufe ich jetzt mit Nachdruck. Christiane verschwindet wieder in der Küche. Minuten später kommt sie mit meiner Jacke ins Wohnzimmer und sagt: „Ich hab schon mal deine Jacke geholt", während Sie mir diese hinhält. Ich werfe die Jacke in die Ecke und knurre nur noch: „Rrrrrrr!!!" Christiane sagt: „Ich meine es doch nur gut mit dir." Das letzte Wort in diesem Dialog kommt zum Glück von mir: „Ich möchte dich nicht mehr hören, ich möchte meine Ruhe und nichts tun!" Beleidigt geht Christiane und wirft die Tür hinter sich zu.

Vielleicht fühlen manche Hunde jetzt mit mir. Andere dagegen haben bei jeder Ansprache einen Funken Erwartung, dass der Mensch mit ihnen gemeinsam aktiv wird oder sie irgendwelche Kommandos ausführen müssen. Es ist also gemein, einen Hund anzusprechen, ohne dass etwas folgt.

Noch ein Beispiel zur Fehlkommunikation zwischen Mensch und Hund

Wieder hat der Hund seinen Menschen gut erzogen. Frau Triller, eine Kundin, fragt mich im Vorgespräch, wie sie folgendes Verhalten ihres Hundes „Whistle" deuten soll: „Wenn ich mit ihm spazieren gehe, läuft er plötzlich weg. Er hat dabei, glaube ich, weder eine Fährte in der Nase, noch einen anderen Hund entdeckt, sondern guckt sich beim Weglaufen sogar ein paarmal nach mir um." Ich frage sie: „Wie reagieren Sie in dieser Situation?", und sie antwortet: „Ich habe meinem Hund beigebracht, auf mein Pfeifsignal zurückzukommen. Wenn er sich zu weit entfernt, pfeife ich, und er kommt." Also frage ich: "Und was tun Sie, wenn der Hund wieder bei Ihnen ist?" Sie antwortet: „Dann bekommt er ein Leckerchen zur Belohnung. Das Ganze passiert etwa fünf-, sechsmal pro Spaziergang."

Erklärung

Dieses Verhalten lässt sich leicht erklären: Obwohl es dem Hund ziemlich umständlich vorkommen muss (anscheinend ist des Menschen Motto: „Warum einfach, wenn's auch kompliziert geht?"), hat er verstanden, dass Menschen erst dann ein Leckerchen abgeben, wenn man sich weit genug von ihnen entfernt hat, damit sie einen zurückpfeifen können. Das alles ist der Auslösereiz für den Menschen, das Leckerchen abzugeben. Ist der Hund also mit Frauchen unterwegs, denkt er nach kurzer Zeit: Jetzt ist mein erstes Leckerchen fällig, und entfernt sich deswegen auf weitere Distanz von Frauchen. Weil die Besitzerin ansonsten einige Probleme mit ihrem Hund hat, ist sie froh, dass wenigstens das Heranpfeifen so gut klappt. Komme allerdings ein anderer Hund ins Spiel, erzählt sie mir, reagiere Whistle nicht mehr auf die Pfeife. Der Hund hat das Pfeifentraining also immer als ein lustiges Spiel betrachtet, aber nie ernst genommen.

Pseudogehorsamkeit

Auch Herr Wiking denkt, dass sein karelischer Bärenhund „Thor" (Hund vom Urtyp) sehr gehorsam sei. Das möchte er mir zeigen, während wir gemeinsam mit seinem Hund spazieren gehen. Thor läuft etwa zwanzig Meter vor uns. An einer Weggabelung wollen wir nach rechts, Thor geht aber weiter geradeaus. Sobald wir bei der Gabelung angekommen sind, sagt Herr Wiking: „Jetzt achten Sie mal darauf, wie Thor auf Kommando zu mir zurückkommt." Er ruft seinen Hund und biegt bereits selbstsicher nach rechts ab. Thor galoppiert auf Herrn Wiking zu, rempelt ihn dabei leicht an und stellt sich vor ihn. „Na, sehen Sie, was habe ich Ihnen gesagt? Er gehorcht aufs Wort", freut sich Herr Wiking. Während wir den eingeschlagenen Weg weitergehen, läuft Thor wieder zwanzig bis dreißig Meter voraus. Nun möchte ich Herrn Wiking mit der Realität konfrontieren. Auf einem geraden Wegstück bitte ich ihn, stehen zu bleiben und seinen Hund zu sich zu rufen. Thor schaut Richtung Herrchen, sieht, dass dieser stehen bleibt, und geht erst noch schnuppernd weiter, obwohl Herr Wiking ihn nochmals ruft. Er läuft schnuppernderweise zu einem Baum, hebt sein Bein und pinkelt, wobei er Herrn Wiking anguckt. Kommen will er nicht. Erst als sich Herr Wiking umdreht und von Thor weggeht, galoppiert der Hund im „Tscheplok-

Tscheplok-Galopp“ hinter ihm her und springt ihm in den Rücken. Ich erkläre Herrn Wiking, dass Thor noch nie gehorsam gewesen sei, höchstens wohlwollend tolerant ihm gegenüber. Thor ist ein sehr sozialer Hund, und weil er längst gemerkt hat, dass Herrchen anscheinend nicht weiß, worum es im richtigen Leben geht, sorgt sein Verantwortungsgefühl dafür, dass er Herrchen unterwegs niemals allein lässt. Das passt auch zu dem Problem, wegen dem Herr Wiking zu mir in die Hundeschule kam. Thor macht nämlich Schwierigkeiten, wenn er allein zu Hause bleiben muss: Er bellt andauernd aufgeregt, verpasst der Holztür ein neues Relief, zerfetzt Zeitungen und vor allem Herrn Wikings

Pseudogehorsamkeit. Anscheinend folgt der Hund seiner Bezugsperson sehr schön. In Wirklichkeit aber kontrolliert er präzise jeden Schritt von Frauchen. Sobald Frauchen „seine“ Beißwurst in der Hand hat, springt er hoch und fordert seinen Besitz zurück.

Statt zu Herrchen zurück zu kehren, läuft der Do Khy weiter in Richtung des anderen Hundes. Seine Köperhaltung ist sehr selbstbewusst ...

Hausschuhe. Herr Wiking meint, Thor komme ohne ihn nicht zurecht. Ich erzähle ihm, dass sein Hund exakt das Gegenteil denkt. Für ihn steht fest, dass Herrchen ohne ihn hoffnungslos verloren ist. Anders als üblicherweise vermutet wird, leidet solch ein Hund nicht unter Trennungsangst, sondern unter Kontrollverlust. Thor kann seine Verantwortung für Herrn Wiking nicht mehr in die Tat umsetzen.

Als der Hund nach dem Spaziergang ins Auto gebracht wird und wir beide uns Richtung Büro entfernen, regt Thor sich sofort schrecklich auf und bellt frustriert (oder böse?). In seinen Augen ist Herr Wiking schwer erziehbar. Dass Herrchen ihn unterwegs immer wieder zu sich ruft, ist ihm nur lästig. Wenn Herr Wiking während des Rufens stehen bleibt, reagiert er, wie ich meiner Tochter gegenüber reagieren könnte, wenn ich gerade mit anderen Dingen beschäftigt bin: „Wart ein Momentchen, Kind, ich muss erst noch etwas erledigen." Sprich: Thor setzt die Prioritäten. Wenn er eingeschlossen wird, kann er Herrchens Sicherheit nicht mehr gewährleisten. Das regt ihn tierisch auf.

Im Büro erzähle ich Herrn Wiking folgende Geschichte: Ich war mit meiner Familie in der Schweiz im Urlaub und machte mit meiner Tochter Dominique eine Bergwanderung. Es gab in diesem Gebiet kleine Seen mit eiskaltem Wasser, aber vor allem auch Abgründe, wo es plötzlich vierzig Meter in die Tiefe ging. Der Bergpfad war schmal und somit ging ich vorne, damit ich meine Tochter rechtzeitig stoppen konnte, falls wir an so einen Abhang kamen. Dominique trottete zehn bis fünfzehn Meter hinter mir her (dort, wo der Durchschnittshundebesitzer hinter seinem Hund herläuft), und weil ich mich häufig nach ihr umschaute, bemerkte ich, dass sie sich für Steine und Blümchen und alles, was es dort zu finden gab, interessierte (das natürliche Nahrungssuchverhalten, das Kinder in der Natur noch zeigen). Auf einmal hörte ich sie hinter mir rufen: „Guck mal, Papa, Wasser!" Sie hatte einen Bergsee entdeckt und rannte bereits

darauf zu. Während ich noch dachte: Macht sie schon wieder Blödsinn?, rannte ich zurück und konnte sie gerade noch rechtzeitig „anrempeln" (abfangen). Ich stellte mich frontal vor sie hin und sagte: „Da kannst du nicht reinspringen, das ist eiskalt."
Danach ist meine Frage an Herrn Wiking: „Habe ich nun Dominique gehorcht oder meine Elternpflicht erfüllt?" Für Herrn Wiking ist klar, dass ich hier die elterliche Verantwortung für meine Tochter getragen habe. So allerdings sieht auch die Beziehung zwischen Thor und Herrn Wiking aus.

Über das Alleinbleiben

Es gibt natürlich auch Hunde, die ganz anders reagieren als Thor, wenn sie zu Hause allein gelassen werden – Hunde mit echter Trennungsangst. Viele dieser Hunde liegen, wenn sie allein zu Hause sind, die ganze Zeit äußerst angespannt auf ihrem Platz. Sie würden sich nicht trauen, einen Mucks von sich zu geben. Durch den Stress schlägt ihr Herz um ein Vielfaches schneller. Wenn z. B. der Briefträger mit einem Paket an der Tür klingelt, zittert so ein Hund womög-

… denn er setzt selbst die Prioriäten und entscheidet, wann er zu Herrchen kommt und wann nicht.

lich vor Angst. Wenn Herrchen oder Frauchen nach einiger Zeit nach Hause kommen, freut sich der Hund wirklich sehr. Aufgeregt winselnd kommt er in geduckter Haltung, extrem wedelnd, meistens mit angelegten Ohren auf seine Bezugsperson zu. Nach der Begrüßung legt sich der Hund oft wieder auf seine Decke und schläft erst dann extrem tief. Die Besitzer denken, ihr Hund sei eine „Schlaftablette", dabei hat der Hund in ihrer Abwesenheit extreme Existenzängste. Da er den Menschen aber keine Probleme bereitet, wird man so einen Hund kaum in einer Hundeschule antreffen. Sein Verhalten wird nicht richtig wahrgenommen oder aus Unwissenheit falsch interpretiert. Daher kann ich Ihnen nur raten, Ihren Hund mal mit einer während Ihrer Abwesenheit laufenden Videokamera zu filmen.

Vor allem Welpen können anfangs durch Menschen schnell verunsichert werden, weil sie viele menschlichen Verhaltensweisen falsch interpretieren. Die Erfahrung fehlt. Vorsicht ist also geboten.

Stubenreinheit

Der neun Wochen alte Rhodesian-Ridgeback-Welpe „Leo" von Frau Pold muss noch stubenrein werden. Sobald Frau Pold sieht, dass Leo sich in der Wohnung zum Pinkeln auf den Teppich hockt, rast Sie auf ihn zu und hebt ihn hoch, um ihn nach draußen zu tragen, wo er auf der Hundetoilette in ihrem Garten pinkeln soll. Leo pinkelt aber draußen nach zehn Minuten immer noch nicht. Darauf geht Frau Pold wieder mit ihm ins Haus. Sobald Leo kurze Zeit unbeaufsichtigt ist, „verkrümelt" er sich schnell hinter die Couch, um ein Bächlein zu machen. Als Frau Pold dann abends die Vorhänge zuzieht, steht sie barfuß im Urin. Da Frau Pold nicht an Poltergeister glaubt, verdächtigt sie Leo. Sie weiß jedoch, dass sie den Welpen im Haus besser nicht korrigieren sollte, obwohl ihr ihre Freundin geraten hat, ihn mit der Schnauze in den Urin zu stupsen. Von nun an hält sie Leo unter permanenter Aufsicht. Als er wieder versucht, sich hinter der Couch zu verpissen, erfolgt ihre Reaktion blitzartig: Schnell hebt sie Leo auf und bringt ihn nach draußen – wo der Welpe selbst nach einer halben Stunde noch nicht pinkelt. Zurück im Haus, rast er in die Küche und entleert sich dort. Völlig entmutigt ruft Frau Pold mich an und schildert ihr Problem.

Ich erkläre ihr, dass hier ein Kommunikationsproblem vorliegt. Sie meint zwar, kein einziges Mal böse reagiert zu haben, doch Leo sieht das völlig anders. Ihr plötzliches Auf-den-Hund-Zurasen, wobei sie sich auch noch etwas gebückt hat, um den Welpen aufnehmen zu können, ist unter Hunden eine eindeutige Korrektur. Leo denkt womöglich, dass Frau Pold sein Pinkeln als provokantes Markieren interpretiert und deshalb nicht toleriert, dass es vor ihren Augen geschieht. Die halbe Stunde danach muss Leo sich draußen extreme Mühe geben, um nicht zu pinkeln, obwohl er vermutlich fast platzt. Erst wenn er außer Sichtweite von Frau Pold ist, traut er sich, es laufen zu lassen. Ohne dass Frau Pold es wollte, hat sie Leo etwas über das Urinieren und Koten beigebracht – nur leider das Falsche. Dazu kommt, dass ein Rhodesian Ridgeback ein Hund mit klarer territorialer Veranlagung ist, der sich im Welpenalter am liebsten in der Nähe der sicheren Wurfhöhle löst, also in der Wohnung.

Siehe hierzu auch das Beispiel „Stöpsel“ auf Seite 13, im Abschnitt Verstehen – Verständigung – Beziehung.

Beim Stubenreinheitstraining ist es empfehlenswert, nicht zu warten, bis sich der Hund in der Wohnung hinhockt, sondern ihn nach jedem Essen, Schlafen und allen Aktivitäten im Haus ruhig hochzuheben und nach draußen zu tragen. Auch wäre es gut, ihn tagsüber jede Stunde nach draußen zu bringen, später alle anderthalb Stunden und so fort. Das nennt man Blasentraining. Wir warten also nicht auf die Initiative des Hundes und beugen damit auch zerkratzten Türen vor. Frau Pold habe ich geraten, vorläufig eine Bench (Zimmerkäfig) für die Schlafphasen ihres Hundes zu benutzen und in den aktiven Phasen das Prinzip der „Nabelschnur“ anzuwenden. Leo ist also immer dort, wo Frau Pold gerade ist, da sie ihn, auch in der Wohnung, an der Leine mit sich führt.

Bleiben Sie dabei und loben Sie Ihren Welpen, wenn er im Garten pinkelt.

Oft reagieren Menschen, die es nur gut meinen, falsch auf ängstliche, unsichere Hunde. Wie bereits auf Seite 42 erklärt, fühlen sich ängstliche Hunde bedroht, wenn sie stark fixiert, angesprochen, womöglich gar gestreichelt werden. Wenn Sie selbst so einen ängstlichen Hund haben, der allerdings nicht aggressiv auf Menschen reagiert, habe ich einen Tipp für Sie: Sobald ein fremder Mensch Interesse an Ihrem Hund bekundet und ihn streicheln will, gehen Sie spontan auf diesen Menschen zu, geben ihm die Hand, halten sie etwas länger fest als üblich und sprechen ihn gleichzeitig an. Fragen Sie z. B., ob die Person selbst auch einen Hund hat oder die Rasse Ihres Hundes zufällig kennt. Die meisten Menschen sind durch Ihre Aktion erst mal verdutzt und schauen nicht mehr Ihren Hund, sondern Sie an. Genau das ist es, was Sie erreichen möchten. Und weil sie dem Menschen freundlich entgegentreten, wird er Sie schon aus reiner Höflichkeit nicht ignorieren. Das gibt Ihnen die Chance, weiterzusprechen und dabei Ihren Hund zu streicheln, womit Sie verhindern, dass der Fremde zur starken Bedrohung für ihn wird. Auf diese Weise stellen Sie sich vor Ihren Hund und gewinnen seinen Respekt, weil Sie ihn beschützen. Gleichzeitig bestätigen Sie Ihren Sozialstatus, da Sie wortwörtlich die Initiative ergreifen und auch die andere Person Ihnen erst mal Aufmerksamkeit schenkt. Streicheln Sie Ihren Hund mit beiden Händen über Kopf, Nacken und Brust, bis er der Situation allmählich traut. Dann liegt es in Ihrem Ermessen, ob Sie ihn von der fremden Person streicheln lassen, um ihn zu desensibilisieren (bitte nicht bei angstaggressiven Hunden!). Wenn ja, leiten Sie die Person dabei an und nehmen dazu nur Ihre Hand vom Brustbereich des Hundes weg. Ihre andere Hand streichelt im Kopf- und Nackenbereich weiter. So bleibt für den Fremden nur der Brust- und Kinnbereich zum Streicheln zur Verfügung, und das sind für Hunde die am wenigsten bedrohlichen Stellen. Hier berührt zu werden bedeutet sogar eher Unterordnung seitens des Menschen. Sie landen als Hundebesitzer bei Ihren Mitmenschen sofort in der Schublade „sehr freundlicher Mensch". Noch wichtiger ist jedoch, dass das, was Sie getan haben, eine positive Auswirkung auf die Beziehung zu Ihrem Hund hat, der Sie dadurch in die Schublade „souverän führende Person" einsortiert. Die Souveränität, mit der Sie die Situation gemeistert haben, festigt Ihre führende Position gegenüber dem Hund viel mehr, als wenn Sie auf direkte Weise Unterordnung von ihm verlangt hätten. Zeigen Sie adäquates Führungsverhalten, dann bekommen Sie in der Regel auch die Führung. Das ist vor allem bei besonders ängstlichen und unsicheren Hunden wichtig und erhöht deren Lebensqualität enorm.

Ein Spaziergang

Bei einem alltäglichen Spaziergang mit unserem Hund fassen wir seine territoriale Orientierung, das Markieren, das Rumschnuppern vor unseren Augen, das Pusten in ein Mäuseloch, den plötzlichen Blick in den Wald, das Knabbern auf einem Zweig, das Fressen von Gras nicht als Kommunikation mit uns auf. Wir wissen allerdings inzwischen, dass wir Führungsverhalten zeigen, indem wir Einfluss auf unser Umfeld nehmen. Das ist eine indirekte Art, miteinander kommunizieren. Und so muss man auch das Verhalten des Hundes während eines Spaziergangs verstehen. Viele seiner Gesten beziehen sich sogar direkt auf uns,

auf nichts anderes. Eine Situation, in der er auf nicht zu übersehende Weise Einfluss nimmt, ist z. B., wenn er uns unterwegs bei der Begrüßung von Bekannten gegen diese abschirmt, als wären wir seine Welpen. Genauso würde es auch ein Schaf mit seinem Lamm oder eine Stute mit ihrem Fohlen machen, weil das eben normales parentales (elterliches) Verhalten sozial lebender Säugetiere ist. Ich finde es wichtig, dass wir Menschen die Augen öffnen für das, was unser Hund uns zu vermitteln versucht. Das Übersehen dieser Kommunikation frustriert viele Hunde und vermittelt uns als Menschen ein falsches Bild von unserem Hund. Er ist nicht so asozial, wie die meisten denken, und immer nur mit sich selbst beschäftigt.
Um dies zu unterstreichen, möchte ich hier noch das Kommando „Stehenbleiben" beschreiben, das viele Hunde ihren Menschen sehr gut beigebracht haben:
Diese Hunde wissen, dass Menschen, die an der Leine geführt werden, auf Signal anhalten. Sobald der Hund stehen bleibt und schnuppert, bleibt auch der Mensch brav stehen und wartet ab, bis der Hund die Initiative zum Weitergehen ergreift. Läuft der Mensch ohne Leine herum, klappt es meist weniger gut: Die meisten bleiben erst in einem Abstand von etwa zwanzig bis dreißig Metern stehen, andere tun plötzlich, als würden sie das Signal „Stehenbleiben" gar nicht mehr kennen, und gehen einfach weiter. An denen, die nach zwanzig bis dreißig Metern stehen bleiben, trottet der Hund wieder vorbei, ohne sie zu beachten. Das zeigt seine Zufriedenheit über die menschlichen Lernerfolge. Im anderen Fall, wo der Mensch nicht wie gewünscht reagiert, galoppiert der Hund im „Tscheplok-Tscheplok-Galopp" auf ihn zu, streift an seinem Bein vorbei oder rempelt ihn sogar an und stellt sich vielleicht quer vor ihn hin. Darin sehen die meisten Menschen den Beweis, dass der Hund folgsam ist und sie liebt, weil er ja so anschmiegsam ist – obwohl der Hund das als Korrektur gemeint hat.

Misstrauisch tastet sich die Husky-Hündin an Jan heran. Vorsichtig schnuppert sie an seiner Hand. Bitte achten Sie darauf, dass Begegnungen mit fremden Hunden nicht in einer frontalen Position stattfinden.

Beispiel aus einer Welpenspielgruppe

Familie Hauser besucht mit ihrem schlecht geprägten Dobermann-Welpen „Kaspar“ eine Welpenspielgruppe. Sobald Kaspar auf die Spielwiese kommt, spurten „Frech“, der Dackel, und „Jack“, der „Ripper“-Terrier, gemeinsam mit den beiden Schwaben „Wodan“ und „Donar“, einem Leonberger- und einem Rottweiler-Welpen, auf ihn zu. Der ängstliche Kaspar bekommt den Schreck seines Lebens und flüchtet fiepend zwischen Frau Hausers Beine. Die Trainerin, Frau Burschikos, fordert Frau Hauser auf, von Kaspar wegzugehen. Die Welpen sollten das unter sich ausmachen, da sie nur so Sozialverhalten lernen könnten. Sie lädt Frau Hauser ein, gemütlich mit den anderen eine Tasse Kaffee zu trinken und dabei den spielenden Welpen zuzuschauen. Während Frau Hauser sich

Der Jack Russell Terrier schneidet dem Boxer zähnefletschend den Weg ab.

entfernt, versucht Kaspar mit eingekniffener Rute, ihr zu folgen, wird aber durch das Aufreitverhalten des Rottweilers Donar davon abgehalten. „Sehen Sie“, sagt Frau Burschikos, „jetzt wird er in die Rangordnung eingewiesen“ Kaspar kann sich losreißen und flüchtet in Richtung der inzwischen geschlossenen Ausgangstür. Die vier Hunde kreisen ihn ein und bellen ihm laut in die Ohren. Frau Burschikos erklärt weiter: „Jetzt ist er schon akzeptiert, die anderen möchten nur mit ihm spielen.“ Wie zur Bestätigung schlägt der Leonberger kratzend mit seiner Pfote auf Kaspars Kopf. Frech, der Dackel, klettert über Kaspars Rücken, Jack, der Terrier, stößt ihm bellend seine Schnauze in den Schulterbereich. Kaspar bleibt regungslos zusammengekauert sitzen. Allmählich verlieren die vier Hunde ihr Interesse an ihm. Donar, der Rottweiler, rast jetzt im Zickzack über die Wiese. Frau Hauser fragt Frau Burschikos: „Kaspar ist schon noch etwas scheu, oder?“ Frau Burschikos erwidert: „Ach ja, das wird sich legen. Gucken Sie mal, jetzt bewegt er sich schon über die Wiese.“ Dabei zeigt sie auf Kaspar. So sind wieder alle Augen auf „Kaspar Hauser“ gerichtet, auch die der anderen Hunde. Glücklicherweise macht Kaspar nun doch noch eine positive Erfahrung, als „Softie", die Coated-Wheaten-Terrrier-Hündin ihn ganz behutsam begrüßt und dabei sanft seine Schnauze leckt. Zum ersten Mal wedelt Kaspar vorsichtig mit seiner Rute nach unten. Das friedliche Bild bleibt aber nicht lange bestehen. In vollem Tempo rasen die anderen Hunde auf Kaspar und Softie zu, und Wodan rennt Kaspar dabei über den Haufen. Danach ist die Stunde um und die Besitzer der Hunde fangen ihre Welpen wieder ein. Auch Frau Hauser sagt: „Komm, Kaspar, wir gehen nach Hause." Kaspar ist sofort bei ihr und versucht, an ihrem Bein hochzuklettern. Zu Hause angekommen geht er direkt in sein Körbchen, seufzt und fällt in Tiefschlaf. Frau Hauser denkt: Das hat ihm sichtlich gut getan, so ausgelastet und zufrieden wie er ist.

Nachdem der Terrier ernsthaft attackiert, greift „Hundegärtner" Jan in die Situation ein.

Ein menschlicher Vergleich

Die in Deutschland zugezogene, aus Indien stammende Frau Dramah bringt Töchterchen Shy zum ersten Mal in den Kindergarten. Da steht Peter Klein mit einem Holzhammer in der Hand. Haha, denkt er, eine Neue. Neben Peter steht Marieke, die eine Holznadel zwischen den Fingern hält, und sagt: „Hoho, eine Neue." Die beiden gucken einander vielversprechend an, worauf sie Shy mustern. Die Kindergärtnerin Frau Blind sagt zu Shy: „Geh mal hin, die wollen mit dir spielen." Shy klammert sich an der Jacke von Mama Dramah fest und winselt leise: „Mama?" Frau Dramah ist davon überzeugt, dass die Kindergärtnerin Recht hat, und ermuntert Shy: „Geh doch mal, das wird dir bestimmt Spaß machen, und dann kann ich noch kurz mit Frau Blind sprechen." Shy geht daraufhin zu Peter und Marieke, Frau Blind bietet Frau Dramah eine Tasse Kaffee an. Diesen Moment nutzen Peter und Marieke voll aus: Peter schlägt mit dem Holzhammer zu und Marieke pikst Shy mit der Holznadel. Jetzt erschrickt Mama Dramah über Shys Geschrei. Frau Blind meint nur: „Ach ja, Peter ist etwas grob, aber im Kern ein nettes Kind. Und Marieke freut sich mit Sicherheit über die neue Freundin." Frau Dramah, die allmählich zu zweifeln beginnt, tröstet die weinende Shy. „Sie sollten kein Drama daraus machen", mahnt Frau Blind. „Ja, sind Sie denn blind!?", ruft Frau Dramah entsetzt. „Genau, ich bin Frau Blind", bestätigt diese.

Mobbing. Drei Hunde gegen einen. Der „Omega" dient dem Frustrationsabbau der anderen.

Der schwarze Welpe ist in einem Konflikt: Der Afghane kommt ihm auf dominante Weise frontal entgegen und der Labrador begrüßt ihn auf submissive Weise seitlich. Kann er nun dominant sein oder muss er sich submissiv zeigen?

Parallelen zwischen Kaspar und Shy

Vielleicht haben Sie herzlich über das Beispiel von Shy gelacht, weil Sie wissen, dass es in den allermeisten Kindergärten anders laufen würde. Da gebe ich Ihnen Recht. Ich weiß allerdings, dass Kaspar sich so ähnlich fühlt wie Shy in dem überzogenen Beispiel, mit dem ich klar machen möchte, dass wir hündische Kommunikation und Gemütsäußerungen oft anders interpretieren, als wir sollten. Was in der Welpenspielgruppe passiert, ist noch dramatischer als Shys Kindergartenerlebnis, da Frau Dramahs Mutterinstinkt glücklicherweise dominiert und sie die Kommunikation ihrer Tochter klar versteht. Der geringe Vertrauensbruch zwischen Mutter und Kind wird zu heilen sein. Bei Kaspar liegt die Sache etwas anders. Schlecht geprägt, steckt er ohnehin voller Misstrauen. Die Erfahrung auf der Welpenspielwiese bestätigt nicht nur sein negatives Bild von der bösen Außenwelt, sondern stellt einen dramatischen Vertrauensbruch zwischen ihm und Frau Hauser dar. In Zukunft wird er sich nur auf sich selbst verlassen und sich in neuen Situationen bestimmt nicht an Frau Hauser orientieren. Allmählich wird er Erfahrungen sammeln, wie er andere Hunde künftig von sich fern halten kann. Seine Hundephobie ist auf der Welpenspielwiese geboren. Im Alter von zwei bis zweieinhalb Jahren wird er es seiner bösen Außenwelt zurückzahlen. Frau Hauser hätte besser daran getan, eine Welpenschule zu besuchen, wo Hundetrainer/innen auch wirklich „Hundegärtner/innen" sind, die von Anfang an in Mobbingsituationen eingreifen. Viele Welpenspielgruppen sind zwar sehr preiswert oder sogar kostenlos, aber die Frage ist, welchen Preis man letzten Endes dafür bezahlt. Die künftig erforderlichen individuellen Trainings mit Kaspar in einer Hundeschule verursachen bestimmt höhere Kosten, und seine seelischen Narben behält er ein Leben lang.

Ein weiteres Beispiel zur Fehlkommunikation finden Sie auf Seite 126 beim Thema soziale Armut, wo der Welpe Lisa allein im Garten ist. Jetzt muss ich mich aber wirklich bremsen, sonst schreibe ich noch ein ganzes Buch über Fehlkommunikation. Natürlich liegt mir als Hundeerziehungsberater, der tagtäglich mit solchen Problemen konfrontiert wird, eine Menge daran, hier Aufklärungsarbeit zu leisten, da ich weiß, wie häufig Mensch und Hund aneinander vorbeikommunizieren.

Durch das Entdecken unterschiedlicher Bodenoberflächen, Räume und Hindernisse entwickelt sich eine bessere Selbstwahrnehmung. Die Voraussetzung, um auch andere bewusster wahrnehmen zu können. Der Welpe wird Teil von einem sozialen System.

Innerhalb des Sozialsystems Mensch – Hund sollte der Mensch eine initiierende Rolle im Lernprozess des Hundes spielen.

3a

In einer guten Welpenschule spielt die Bezugsperson des Hundes eine aktive Rolle in der Gewöhnung an noch ungewohnte Reize.

3b

Bei der Tunnel-Übung kann man viele Variationen einbauen. Der Tunnel aus Stoff wird „überzogen“ von Menschen, die sich sogar dabei bücken und den Hund anschauen (fixieren). So wird der Welpe desensibilisiert auf für Hunde bedrohliche Reize.

3c

„Auto-genes“-Training: Ohne Aufforderung das Auto zu verlassen sollte tabuisiert werden, da dies lebensgefährlich werden könnte. In aller Ruhe im Auto abwarten, bedeutet auch auf die Aufforderung des anderen zu reagieren.

2d

3d

2e

3e

Wie wirken wir auf unsere Hunde?

Zunächst wollen wir uns anschauen, wie wir uns einen Eindruck von anderen Menschen verschaffen. Das gesprochene Wort ist in der menschlichen Kommunikation extrem wichtig. Trotzdem brauchen wir die nonverbale Kommunikation, um das Verbale auch richtig deuten zu können. So wird eine Frau die Worte „Ich liebe dich", nicht so ernst nehmen, wenn sich ihr Partner dabei wegdreht und in der Nase bohrt, als wenn der gleiche Partner ihr das bei einem Candle-Light-Dinner zuflüstern und ihr tief in die Augen schauen würde.
Bei Frischverliebten wird anfangs unendlich viel gesprochen, um einander besser kennen zu lernen, bis ein Punkt erreicht ist, wo fast nur noch mit Körpersprache kommuniziert wird. Die Signale sind dann hauptsächlich optisch, gustatorisch, olfaktorisch und taktil. Das Akustische spielt eine untergeordnete Rolle. In einer guten Beziehung braucht man eben wenig Worte.
Wir Menschen machen uns zuerst aufgrund der äußerlichen Erscheinung ein Bild von einer anderen Person. Mimik, Gestik, Kleidung, Frisur, Figur und Körperhaltung, Gangart, Handdruck und Verhalten dem Umfeld gegenüber sind entscheidend für unser Urteil. Erst danach nehmen wir die verbale Kommunikation unter dem Einfluss der Optik wahr. Wie ein Mensch riecht – mal abgesehen von stark unangenehmen Gerüchen –, ist zwar wichtig, aber nachrangig.
Auch bei Hunden sind die optischen Merkmale entscheidend, wenn sie sich einen Eindruck von einem anderen Individuum verschaffen. Seltsam ist, dass

Im Umgang mit Hunden ist eine klare Kommunikation erforderlich. Emotionales Einreden auf den Hund, weil Sie sich vielleicht gerade über ihn geärgert haben, versteht er nicht und verunsichert ihn nur.

wir trotzdem die Neigung haben, mit unserem Hund hauptsächlich verbal zu kommunizieren. Unserer optischen Kommunikation mit dem Hund sind wir uns gar nicht so bewusst. Das erklärt vielleicht, warum wir die optische Kommunikation unseres Hundes nur flüchtig registrieren.

Eine klare „einladende" Körpersprache sorgt dafür, dass der Welpe den Menschen schon von Anfang an gut verstehen kann.

Viele Menschen sprechen in ganzen Sätzen zu ihrem Hund, obwohl man akustische Signale erst dann gut in der Kommunikation einsetzen kann, wenn der Hund ihre Bedeutung gelernt hat. So kann man z. B. einem Hund das Signal „Auto" beibringen, auf das der Hund ins Auto springt. Es gibt allerdings Menschen, die davon ausgehen, der Hund würde unsere Sprache verstehen. Die sagen dann: „Nee, nicht ins Auto" – worauf der Hund ebenfalls ins Auto springt, obwohl das nicht erwünscht ist. Der Mensch denkt: Der Hund will mich ärgern. Ich hab ihm doch gerade gesagt, dass er das nicht tun soll. Der Hund aber hat aus diesem Wörterfluss ganz klar das Signal „Auto" herausfiltern können. Und es wird noch absurder: Wenn der Hund, der sich gerade im Dreck gewälzt hat, zu seiner Bezugsperson rennt und die ihm dann sagt: „Ach komm, geh weg!", was soll er dann – kommen oder gehen?

Beispiel
In einem Restaurant sitzt das Ehepaar Quassel mit seinem kleinen Hund „Stripp". Das Gespräch der Quassels wird plötzlich durch Stripps stimmgewaltiges Bellen unterbrochen, als andere Hunde ins Restaurant kommen. Beschwichtigend quasseln beide Quassels auf den bellenden Stripp ein, der mächtig an der Flexi-Strippe zerrt. Frau Quassel sagt: „Du brauchst dich nicht so aufzuregen. Guck mal, das sind doch ganz nette Hunde." Und Herr Quassel sagt: „So haben wir dich nicht erzogen. Jetzt benimm dich!" Stripps Verhalten bleibt aber unverändert. Da hält Herr Quassel ihm ein Stück von seinem Apfelkuchen vor die Nase. Stripp lässt sich auf das Angebot ein und hält damit die Schnauze.
Welchen Eindruck machen die Eheleute Quassel wohl auf Stripp? Sie reden viel, aber das Gerede hat für Stripp genau die gegenteilige Bedeutung. Anstatt sich zu beruhigen, versteht er das aufgeregte Reden seiner Menschen als anfeuerndes Kläffen. Auch das Stück Apfelkuchen wird dazu führen, dass er sein Verhalten in Zukunft wiederholt. Stripp sieht sich von Herrchen in hohem Maße res-

pektiert, da dieser ihm sogar aus der Hand freiwillig von seinem Essen abgibt. Das würde selbst ein äußerst rangniedriges Tier nie tun. Für Stripp ist die Sache eindeutig: Er ist derjenige, der hier den Ton angibt.

Nicht der Inhalt des Gesagten, sondern der Ton ist für Hunde wichtig. So kann man seinen Hund mit einem energischen „Du braver Hund" bestrafen, wenn der Ton Aggression in sich trägt. Und mit einem freundlich begeisterten „Ja, du verdammter Köter" kann man ihn loben. Unsere Emotionen haben Einfluss auf unsere Tonlage. Wenn wir negativ gestimmt sind, z. B. genervt, gestresst, verärgert, aggressiv usw., und diese Stimmung nicht kurzfristig ablegen können, wäre es schlecht, gerade jetzt etwas mit dem Hund zu unternehmen. Denn der bezieht unseren Gemütszustand womöglich auf sich und ist deshalb verunsichert. Er kann sogar eine Abneigung dagegen entwickeln, überhaupt etwas mit uns gemeinsam zu unternehmen.
Auch positiv gemeinte Reaktionen des Menschen können negative Auswirkungen auf den Hund haben. So gibt es Menschen, die ihre Hunde vor Mitleid „krank reden". Das geht dann so: „Ach, du Armer, hast du dir wehgetan? Zeig mal deine Pfote." Hunde können Krankheiten sogar simulieren, um positive Aufmerksamkeit von ihren Menschen zu bekommen oder um etwas nicht tun zu müssen. Natürlich sollte man die Gesundheit seines Hundes im Blick haben und vielleicht kommt man nicht umhin, die Pfote abzutasten. Es ist allerdings nicht vernünftig, den Hund dabei mit Mitleid zu überschütten.
Auch wenn Hunde Angst haben, wird oft beruhigend auf sie eingeredet: „Davor brauchst du doch keine Angst zu haben. Schau mal, es ist nur ein Müllsack, der dort steht." Leider wird die Angst dadurch noch verstärkt, da man die für den

Stimmungsübertragung. Zeigt Jan eine depressive Körperhaltung, so sieht man die gleiche Körperhaltung bei der sensiblen Jael.

Hund bedrohliche Situation besonders betont. Besser ist es, das ängstliche Verhalten des Hundes zu ignorieren. Man hat die Wahl, entweder zu tun, als wäre nichts, oder sich selbst bei dem Objekt, das dem Hund Angst macht, hinzusetzen, ohne ihn dabei groß zu beachten. Auch eine graduelle Annäherung an das Objekt auf indirekte Weise wäre hier eine Möglichkeit.
Wenn man als Bezugsperson eines Hundes in bestimmten Situationen selbst Angst hat, überträgt sich diese Angst meist sehr rasch auf den Hund. So wird der Hund „Phobie" von Herrn Klaus bald genauso verkrampft sein wie sein Herrchen, wenn die beiden im Aufzug fahren. Herr Klaus leidet unter Klaustrophobie, und Phobie riecht seinen Angstschweiß, hört die schnellere Atmung, sieht den verkrampften Körper und die vergrößerten Augen und spürt Herrchens Zittern. Angst hat mit Gefahrenvermeidung zu tun, also mit Überleben. Deshalb prägt sich Angst schneller und fester ein als z. B. etwas Positives.

Auswirkung menschlicher Körperhaltung

Auch unsere Art der Bewegung und unsere Körperhaltung haben eine Riesenauswirkung auf unsere Hunde. Stellen Sie sich mal jemanden vor, der sich mit hängenden Schultern, gesenktem Kopf und über den Boden schlurfenden Beinen durch die Gegend schleppt. Würden Sie glauben, dass diese Person Führungsqualitäten hat? Die depressive Ausstrahlung macht auch dem Hund klar, dass eine Person in dieser Verfassung kein adäquater Rudelführer sein kann. Nun stellen Sie sich jemanden vor, der locker, mit breiten Schultern, ausladenden Armen, hoch erhobenen Kopfes und breitbeinig (im so genannten John-

Mittleres Bild: Wie sich von Moment zu Moment die Stimmung doch schlagartig ändern kann, macht klar, dass Hunde sich auf unsere Emotionen einlassen.

Rechtes Bild: Wenn man seine eigenen Körperaktionen herunter fährt, beruhigt sich bei einer guten Beziehung meist auch der Hund.

Wayne-Gang) über die Straße geht. Sie würden die Person für ausgeglichen und selbstsicher halten und ihr gute Führungsqualitäten zutrauen. Hunde schätzen das ähnlich ein.
Ein vorsichtiger Gang des Besitzers vermittelt dem Hund meist Zweifel, ob die Situation sicher ist. Hektik in der Bewegung vermittelt dem Hund Chaos und den Eindruck, es mit jemandem zu tun zu haben, der keinen Plan hat. Unser Körper verrät unseren emotionalen Zustand, ob wir es wollen oder nicht.

Menschliche Emotionen

Wenn „Racker" unser Sofa während unserer Abwesenheit zerlegt hat, sind wir noch tagelang sauer auf ihn. Seltsamerweise ist das bei unseren positiven Emotionen nicht so. Sonst wären wir mehrere Tage euphorisch mit unserem Hund, wenn er einmal auf Zuruf sofort zu uns gekommen ist, obwohl ein anderer Hund in Sicht war. Der Hund aber lebt im Hier und Jetzt und empfindet unsere emotionale Festgefahrenheit als unsouverän. Somit stuft man sich selbst dem Hund gegenüber herunter.

Wie wirken wir wohl auf unseren Hund, wenn wir
- uns an einen kleinen Ort verpieseln, um unser Geschäft still und heimlich zu verrichten,
- beim Spaziergang fremde Hunde streicheln,
- wildfremde Menschen ohne weiteres ins Haus einlassen,
- unserem Hund ein Leckerchen aus der Hand geben?

Zu Letzterem ein Praxisbeispiel

Vier Fachkolleginnen und -kollegen kommen zur Supervision zu mir. Nachdem wir anhand von Videomaterial verschiedene Hundeprobleme besprochen haben, geht es im Training um die Probleme mit dem eigenen Hund. Einer der Hunde hat z. B. Schwierigkeiten damit, liegen zu bleiben. Die Hündin ist bei allen Übungen sehr fordernd. Beim Zurückrufen sehe ich, dass alle Hunde frontal vor ihren Bezugspersonen ankommen und sofort die Schnauze zu der Hand strecken, aus der sie ihr Leckerchen bekommen. Also erkläre ich, dass es mir logisch erscheint, dass ein Hund in einer unbekannten Situation nicht liegen bleibt, während man sich entfernt, wenn man sich in allen anderen Situationen von ihm dominieren lässt. Das extreme Fordern muss man als pausenlose Wiederholung eines Kommandos verstehen. In dem Moment, wo der Hund frontal vor einen kommt und fast automatisch sein Leckerchen einfordert, ist der Mensch letzten Endes gehorsam. Wenn dieser Hund auf einem Waldweg liegen bleiben soll, während Frauchen um die Kurve verschwindet, verliert er die Kontrolle über seine Bezugsperson. Frauchen kann man nicht allein gehen lassen. Sie zeigt nämlich ein Verhalten, das ihr Hund niemals freiwillig zeigen würde: Sie gibt ohne Bedenken ein Leckerchen aus der Hand ins Hundemaul ab und erweist dem Hund damit höchsten Respekt, da der Hund im umgekehrten Fall das Leckerchen vermutlich eher selbst fressen würde als es an Frauchen abzu-

geben. Zu Demonstrationszwecken bat ich meine Fachkollegen folgendes mit dem eigenen Hund auszutesten: Sie sollten ein Leckerchen über den Boden rollen und der Hund sollte dieses Leckerchen apportieren. Keiner meiner Kollegen hat sein Leckerchen wieder zurück bekommen. Nicht einmal, als sie selbst mitgelaufen sind und versucht haben, mittels Korrektur das Maul zu öffnen. Schluck, und weg war das Leckerchen!
Danach folgte eine mehrmalige Wiederholung der Übung „Hier", wobei der Mensch zwar das Leckerchen zeigen durfte, aber dann direkt die Hand verstecken sollte. Wie von mir erwartet, verstärkte dies das fordernde Verhalten der Hunde noch mehr.
Hoffentlich habe ich meine Fachkollegen überzeugen können, dass es grundverkehrt ist, ein Leckerchen aus der Hand abzugeben. Denn was gibt man aus der Hand, wenn der Hund das Leckerchen niemals apportieren würde?
Lesen Sie hierzu auch das Beispiel von Moses und Aaron aus dem Kapitel „Grundlagen der Kommunikation". Was für uns keine besondere Bedeutung hat, kann für den Hund von entscheidender Bedeutung sein.

Die Airedale Terrier mopsen sich das Leckerchen fast aus Frauchens Hand. „Rück raus!", sagen sie damit.

Hunde lernen Bedeutungen menschlicher Gesten und Mimik

Der Großteil unserer Hunde ist von Geburt an auf Menschen geprägt worden. Schon als Welpen sehen sie, wie das Muttertier auf bestimmte Gesten der Menschen reagiert. Wenn später im neuen Zuhause die Bezugsperson ähnliche Gesten zeigt, hat der Hund bereits die Neigung, ähnlich zu reagieren, wie er es beim Muttertier gesehen hat. Leider sorgt dieses Phänomen dafür, dass viele Menschen tatsächlich denken, der Hund sei immer mehr Mensch geworden und könne menschliche Sprache und Gesten verstehen. Ja, es gibt Wissenschaftler, die behaupten, der Hund sei intelligenter und „menschlicher" als der Wolf oder sogar der Schimpanse und könne deshalb menschliche Gesten besser verstehen. Das wird daran festgemacht, dass Hunde sich leichter leiten lassen und eher Aufträge erfüllen als der Wolf oder der Schimpanse. Nun, ob es immer so vernünftig ist und nicht gerade weniger Intelligenz beweist, Aufträge auszuführen, sei mal dahingestellt. Ich könnte mir vorstellen, dass Wölfe ein Spielchen, um ein Leckerchen zu finden, ziemlich lachhaft und nutzlos finden und es deshalb nicht wiederholen. Ein Beweis für Erwachsenheit und Intelligenz: Man verschwendet seine Energie nicht für solche Dinge.
Stellen wir uns vor, wie es für unseren Hund sein muss, als einziger Haushund zwischen Menschen zu leben. Da ist es logisch, dass der Hund seinen andersartigen Sozialpartner observiert (beobachtet) und versucht, sich ein Bild zu machen, wie man welches Verhalten deuten muss. So lernt er, durch Beobachten und Verknüpfen von Erfahrungen, viele Gesten und Mimiken des Menschen zu verstehen. Deshalb ist es möglich, dass ein Hund, der nach einem Telefonat häufig die Aufmerksamkeit seines Menschen erhält, merkt, wann seine Bezugsperson das Telefonat beendet. Denn am Ende des Gesprächs macht sie immer bestimmte Gesten und womöglich ändert sich ihre Tonlage. Jawohl, wir Menschen gestikulieren munter am Telefon, obwohl uns der Gesprächspartner nicht sehen kann! Auch die Funktion des Epilepsiehundes beruht auf frühzeitiger Erkennung bestimmter Gesten oder körperlicher Änderungen beim Menschen vor einem Anfall. Bei der Ausbildung von Epilepsiehunden wird meine Meinung bestätigt, dass ein Hund umso besser auf seinen Ersatzsozialpartner Mensch achtet, je infantilisierter (kindlicher) er ist. Logisch, schließlich ist er komplett abhängig von diesem Menschen. Der Haushund ist domestiziert und somit stärker infantilisiert als der Wolf oder Schimpanse. Das erklärt die Ergebnisse der oben erwähnten wissenschaftlichen Untersuchungen.
Der beschwörende Finger ist eine Geste, die wir wohl alle kennen. Um Missverständnissen vorzubeugen: Ich meine nicht den Mittelfinger, sondern den Zeigefinger! Die Geste hat für uns Menschen eine negative Bedeutung im Sinne von: „Du darfst das nicht" oder „Hör mir gut zu, du musst ..." Komisch, dass gerade diese Geste in der Hundeerziehung fast standardmäßig für das „Sitz"-Kommando eingesetzt wird. Natürlich kann sie für den Hund auch eine positive Bedeu-

tung haben, wenn sich gerade ein Leckerchen zwischen Daumen und Mittelfinger befindet, das er bekommt, nachdem er sich hingesetzt hat. Aus psychologischer Sicht wäre es aber sinnvoller, Gesten zu verwenden, die für uns ebenfalls eine positive Bedeutung haben.

Jael weiß, dass das Bücken sowie der Augenkontakt von Jan hier nicht als Drohgeste oder Fixieren gemeint ist.

Bücken

Das Bücken eines Menschen löst unterschiedliche Reaktionen beim Hund aus. Wenn sich Fremde über einen Hund bücken, wird das oft als offensives Drohen interpretiert. Wenn die eigene Bezugsperson dies tut, kann es als soziale Korrektur verstanden werden, aber auch als Begrüßungsverhalten, je nachdem, ob es mit oder ohne Fixieren geschieht. Es ist also nicht empfehlenswert, sich über einen fremden Hund hinüber zu bücken. Als Sozialpartner kann man, wenn die Beziehung stimmt, beide Formen des Bückens einsetzen – einmal als Begrüßung und ein anderes Mal als Korrektur. Der Hund wird den Unterschied an unserer Mimik erkennen.

Jael rollt sich als Einladung zum Körperkontakt spielerisch auf den Rücken.

Hunde verstehen die menschliche Lachmimik in der Regel sehr gut, weil sie dies auf ähnliche Weise zeigen.

Lachen

Viele Menschen meinen, dass das Lachen am häufigsten falsch von unseren Hunden interpretiert wird. Tatsächlich sind die mit dem Lachen verbundenen Lautäußerungen beim Menschen sehr vielfältig. Wenn man richtig hinhört, produzieren wir fast alle Geräusche eines potenziellen Beutetieres, vom Gackern der Hühner, Meckern der Ziegen, Muhen der Kühe, Iah-Geschrei der Esel bis hin zum Grunzen der Wildschweine. Die Lachmimik dagegen ist auch unter Hunden bekannt. Sie dient der Entspannung einer Situation, genau wie bei uns. Hunde „lachen" auf ähnliche Weise: Die Lefzen werden zurückgezogen, die Zähne sind größtenteils zu sehen und der Hund hechelt meist dabei (Spielgesicht). Dieses Hecheln klingt bei genauem Hinhören ähnlich wie unser viel lauteres Gelächter. Etwas anderes ist es, wenn wir dummerweise beim Lachen die Kiefer geschlossen haben. Das wird vom Hund eher als Droh- oder Angstmimik interpretiert. Hunde können durch unser Lachen auch irritiert sein, wenn sie nicht wissen, warum wir lachen, und es womöglich auf sich beziehen. Sie haben dann zwar das Lachen als Geste verstanden, können aber den Grund nicht nachvollziehen. Ich behaupte, dass Hunde sich dann genauso fühlen wie wir, wenn wir ausgelacht werden. Der Hund macht also einen Unterschied zwischen anlachen (gemeinsamer Spaß) und auslachen (sich lustig über jemanden machen, in diesem Fall über den Hund).

Weinen

Wenn Menschen weinen, hat das nicht die gleiche Bedeutung für Hunde, wie wenn Wölfe heulen. Die Körperhaltung beim Weinen verrät die Depression des Menschen. Auch wenn Hunde sich das vielleicht nicht erklären können, sieht man oft, dass sie darauf reagieren. Es löst bei manchen Hunden Versorgungshandlungen aus (z. B. ablecken der Tränen vom Gesicht), was vielen Menschen den Eindruck vermittelt, der Hund verstehe, warum sie weinen. Wenn um den Verlust eines Sozialpartners geweint wird, könnte ich mir vorstellen, dass der Hund das mitempfinden und verstehen kann, warum geweint wird.

Frustration

Wenn der Mensch frustriert ist, vor allem bei Aktivitäten oder im Training mit dem Hund, lernt der Hund ruckzuck die verärgerte Kopfbewegung, rollende Augen, zusammengekniffene Lippen als Mimik eines verärgerten Menschen kennen. Das Seufzen, bei dem die Schultern nach unten gehen und der Kopf sich senkt, bedeutet für den Hund, der Mensch ist ratlos oder gibt auf. Vor allem wenn Mensch und Hund gerade eine „Diskussion" miteinander hatten, bleibt das natürlich nicht ohne Konsequenzen.

Ärger

Wenn Menschen verärgert sind, bewegen sie sich meist mit mehr Nachdruck, die Stimme ändert sich, die Gesichtsmimik zeigt offensives Drohen. Diese Reize reichen dem Hund aus, um seiner verärgerten Bezugsperson aus dem Weg zu gehen. Er versteht diese menschlichen Gesten, da Hunde untereinander ähnliche Gesten zeigen, wenn sie verärgert sind.

Angst

Auch die Angstmimik des Menschen wird der Hund einfach verstehen können, weil sie Ähnlichkeiten mit der Angstmimik von Hunden aufweist: weit aufgerissene oder zusammengekniffene Augen, die Lippen nach hinten gezogen, der Unterkiefer frei hängend.

Angstmimik bei Menschen: weit aufgerissene Augen, die Lippen nach hinten gezogen, der Unterkiefer frei hängend. Jan ist erschrocken, weil Jackie auf seinen Schoß gepinkelt hat.

Gesichtsmimik

Das konzentrierte Gucken, während man mit seinem Hund gemeinsame Aktivitäten betreibt, bekommt der Hund genauestens mit. Es überträgt sich sogar, und auch er wird sich deshalb besser konzentrieren. Unsere Begeisterung über einen Erfolg während der gemeinsamen Arbeit mit unserem Hund, wird er regelrecht von unserem Gesicht ablesen können. Auch das wird meistens mit sozialer Anerkennung und Bestätigung verknüpft und so wird die Freude miteinander geteilt. Das entspannte Gesicht nach gemeinsamen Aktivitäten symbolisiert für den Hund meist Zufriedenheit, weil auch er sich nur richtig entspannen kann, wenn er zufrieden ist. So ist die Gesichtsmimik nicht nur der Spiegel unserer menschlichen Emotionen. Auch die Gesichtsmimik bei Hunden spiegelt deren emotionale Lage wider.

Handgesten betonen die verbale Mitteilung.

Handgesten

Wenn wir davon ausgehen, dass Hunde lernen können, unsere Gesten einzuordnen, können wir diese auch gezielt einsetzen. In Situationen, in denen z. B. ein territorial veranlagter Hund Probleme mit Besuchern hat, können wir den Gast mit deutlichen Handgesten in die Wohnung einlassen, auf das Sofa dirigieren oder auf die Toilette schicken und damit unserem Hund signalisieren, dass wir die Situation im Griff haben. Das Gleiche kann unterwegs mit Spaziergängern stattfinden, indem wir die Hand hoch nehmen und „Hallo" sagen.

Ein Beispiel zu Handgesten

In Holland hatte ich einen Servicehund für einen im Rollstuhl sitzenden Mann ausgebildet und ihm damals rund achtzig Kommandos beigebracht. Als der Hund ungefähr zwei Jahre bei dem Mann war, erlitt dieser einen Gehirnschlag. Dadurch konnte er nicht mehr reden, sondern nur noch Geräusche produzieren. Wegen der weiteren Beeinträchtigungen, die der Gehirnschlag mit sich gebracht

In der Kommunikation von Mensch zu Mensch spielen Handgesten als Teil der Körpersprache eine wichtige Rolle.

hatte, brauchte der Mann seinen Servicehund noch mehr als zuvor. Wir befürchteten, dass das jetzt schwierig werden würde, aber der Hund arbeitete weiterhin bestens, ohne je wieder ein gesprochenes Kommando zu hören. Eine Handgeste, kombiniert mit ungezielten Geräuschen, genügten ihm, um die Absichten des Mannes zu verstehen. Wahrscheinlich hatte der Hund mit den gesprochenen Kommandos sowieso nicht viel am Hut gehabt und sich schon immer auf die unbewussten körperlichen Gesten des Mannes konzentriert.

Gähnen

In modernen Hundebüchern wird Gähnen oft als Beschwichtigungsgeste („calming signal") beschrieben und es wird propagiert, diese Geste in der Kommunikation mit dem Hund häufiger zu zeigen. Meines Erachtens gähnen Hunde, weil sie einfach schläfrig sind. Ein anderes Mal gähnen sie, wenn sie in einem innerlichen Konflikt zwischen Körper und Geist stecken. Ein Hund möchte z. B. einem anderen Hund einen Fleischbrocken klauen, der andere Hund verscheucht ihn jedoch. Sein Körper zeigt jetzt gezwungenermaßen ein konträres Verhalten zu dem, was seine Absicht war. Statt zum Fleisch hinzugehen, bewegt er sich von der Beute weg. Es wird gegähnt, auch wenn der Gegner ihm längst den Rücken zugedreht hat. Gähnen ist also Ausdruck eines Gemütszustands, wird somit unbewusst durch das limbische System im Gehirn ausgelöst und bedeutet: im Zwiespalt sein. Hunde untereinander werden diese Geste auch als solche verstehen. Wenn der Gähnende mit sich im Zwiespalt ist, kann sein Gegner sein Ziel erreichen und vielleicht wird so tatsächlich ein Konflikt vermieden.
Was also zeigen wir unserem Hund, wenn wir in der Kommunikation mit ihm häufiger gähnen? Wir zeigen, dass wir mit uns selbst nicht im Einklang sind. Somit zeigen wir Führungsschwäche. Natürlich wird unser Hund einen Unterschied machen können zwischen gezieltem Gähnen innerhalb der Kommunikation und Gähnen bei Müdigkeit. Im Übrigen gibt es bei Hunden noch eine andere Form des Gähnens: das Drohgähnen. Wenn ein Hund bei seiner Beute liegt und ein anderer Interesse daran bekundet, kann es sein, dass der Hund übertrieben gähnt und dabei die ganze Zahnreihe zeigt. Das ist etwas Ähnliches, wie wenn sich jemand mit einem Messer die Fingernägel sauber macht und dabei seinem Gegner in die Augen schaut. Es gibt also viele Gesten, die einerseits Streit vermeiden, gleichzeitig aber ein klares Statement zur Sozialstruktur innerhalb einer Beziehung darstellen.

Gähnen ist oft ein Zeichen eines innerlichen Konflikts zwischen Körper und Geist.

Schnarchen

Wenn Ihr Hund bei Ihnen im Schlafzimmer schläft, wird er rasch erkennen, dass Ihr Schnarchen nicht als Knurren gemeint ist, auch wenn es sich vielleicht so anhört. Er versteht zwar nicht, warum Sie dieses Geräusch produzieren, aber er stört sich auch nicht weiter daran (im Gegensatz vielleicht zu Ihrem Partner, der allmählich zu knurren anfängt).

Alles, was man tut oder lässt, hat Konsequenzen

Nicht eingreifen

Erinnern Sie sich an das Beispiel von Kaspar Hauser in der Welpengruppe (Seite 176ff.)? Dort zeigt der Dobermann seine Angst und bittet seine Bezugsperson deutlich um Hilfe. Er bleibt aber auf sich selbst gestellt, weil Frauchen nicht eingreift. Das wird gravierende Konsequenzen für sein Vertrauen in Menschen haben. Der Mensch ist zwar nicht die direkte Bedrohung, führt ihn jedoch in die bedrohliche Situation hinein und lässt ihn dann im Stich. Es muss ein schwerer emotionaler Schock sein, zu erkennen, dass der Mensch nicht als vernünftiger Sozialpartner betrachtet werden kann und dass man somit allein auf der Welt ist.

Den Hund sich selbst überlassen

Wenn Ihr Hund allein im Garten ist und sich notgedrungen selbstständig in seinem Verhaltensrepertoire weiterentwickelt, möchten Sie meistens nicht die Konsequenzen daraus tragen – auch eine Situation, in der der Mensch mit der Tatsache konfrontiert wird, dass Nichtstun nicht ohne Folgen für die Erziehung und Beziehung bleibt. Hoffentlich lernt der Mensch aus den Auswirkungen der von ihm getroffenen Entscheidungen.

Demokratische Prinzipien

Es gibt Menschen, die dem Hund gegenüber demokratische Prinzipien befolgen und den Hund teils selbst entscheiden lassen. Diese Umgangsform wird damit begründet, dass der Hund auch mal Hund sein dürfe. Doch kein Hund versteht die hieraus entstehende Inkonsequenz des Menschen, weshalb so ein Verhalten nicht ohne Folgen bleibt. Der Hund wird immer öfter antidemokratisch (autokratisch) Entscheidungen treffen und der Mensch hat sich zu fügen.

Beispiel
Wenn Frauchen mit „Tim" spazieren geht, lässt sie in der Regel ihn entscheiden, wo es langgeht. Nur wenn sie wieder nach Hause möchte, soll der Hund sich fügen und ihr folgen. Wenn Tim allerdings daran gewöhnt ist, selbst zu entscheiden, wird das früher oder später zu Diskussionen führen. Dann will Tim nämlich auch bestimmen, wann er mit Frauchen nach Hause geht. Die Konsequenz aus ihrer Vorgehensweise möchte Frauchen aber nicht tragen. Wenn ich meinem Hund schon so viel Freiheit gebe, denkt sie, sollte er mir wenigstens den Gefallen tun, zu gehorchen, wenn ich ihn dann mal rufe.
Ich finde es immer wieder erstaunlich, dass Menschen nicht bemerken, wie unfair ihr inkonsequentes Verhalten („Herzilein-Syndrom") dem Hund gegen-

über ist. Noch erstaunlicher finde ich es, wie knallhart diese Menschen dann auf einmal werden können. Sie haben kaum noch Skrupel, sich bestimmter „Hilfsmittel" der Hundeerziehung zu bedienen, um das gewünschte Verhalten hervorzurufen. Das beweist wieder einmal, dass der Mensch nicht bereit ist, umzudenken, sich zu ändern und die Konsequenzen des eigenen Verhaltens zu tragen.
Auch die Art der Konditionierung, die man wählt, bleibt nicht ohne Folgen. So ist es immer noch gang und gäbe, dem Hund das An-der-Leine-Gehen auf folgende Weise anzutrainieren: Der Hund wird an einer langen Leine geführt, die aufgewickelt und kurz gehalten wird. So geht man vorwärts, ohne darauf zu achten, ob der Hund an der Leine zieht. Sobald der Hund abgelenkt ist, lässt man die aufgewickelte lange Leine fallen, hält die Endschlaufe aber fest. Gleichzeitig geht oder läuft man zügig in die entgegengesetzte Richtung, sodass der Hund, wenn er nicht auf diese Wendung achtet, voll in die lange Leine rennt und

Wenn man alles laufen lässt, wird man nicht mehr viel im Griff haben können.

Schmerzen empfindet. Im allerschlimmsten Fall kann man damit sogar seine Halswirbelsäule schädigen. Nach verschiedenen Wiederholungen, auch unter stärkeren Ablenkungen (andere Hunde, Jogger usw.), hat man Folgendes bewirkt: Geht der Hund an straffer Leine, denkt er: Alles paletti. Ist die Leine jedoch locker, achtet er intensiv auf die Bewegung des Menschen, da er dem Schreck- und Schmerzreiz vorbeugen möchte. Also läuft der Hund äußerlich wunderschön an der lockeren Leine neben dem Menschen her, denkt dabei aber ständig: Mist, jetzt wird es gleich gefährlich!

In diesem Beispiel hat man seinem Hund nichts beigebracht, sondern etwas genommen, nämlich die Möglichkeit, einem freiwillig zu folgen. Vor allem hat man ihm jedoch das Vertrauen in die Situation oder sogar in seinen Menschen genommen. Für mich ist es schwer nachzuvollziehen, dass diese Trainingsmethode in modernen Hundebüchern noch immer zu finden ist.

Lernen Sie die Hundesprache

Den Hund dort abholen, wo er sich befindet

„Nanouk“, ein Saarloos Wolfhond

Wir haben Nanouk im Alter von acht Monaten als Pflegehund in unser Familienrudel aufgenommen. Bei seinen vorherigen Besitzern lebte er mit seinen leiblichen Eltern und seiner Schwester zusammen. Vermutlich war er stark auf seine hündische Familie orientiert und weniger auf Menschen oder andere Situationen geprägt. Leider musste sein Rudel aus familiären Gründen der Menschen getrennt werden. Anfangs war er bei uns apathisch depressiv und sehr scheu, vor allem mir gegenüber. Er war total verunsichert und sozial desorientiert. Sobald ich in den Raum kam, flüchtete er in eine andere Richtung. Er orientierte sich sehr stark an unseren anderen beiden Hunden, übernahm das uns von unseren Hunden entgegengebrachte Vertrauen aber nicht. Nanouk unternahm in der ersten Zeit nur sehr selten Annäherungsversuche mir gegenüber. Als er versuchte, eine Decke zu zerpflücken, knurrte ich ihn auf hündische Weise an und fixierte ihn dabei. Im ersten Moment dachte ich: Mist, jetzt hat er noch mehr Angst vor mir! Aber ganz im Gegenteil: Er kam mit angelegten Ohren und herunterhängender Rute zu mir und suchte auf beschwichtigende Weise Körperkontakt. Da wurde mir bewusst, dass Nanouk eine sehr klare hündische Kommunikation benötigt, um überhaupt Vertrauen in fremde Menschen zu gewinnen. Nun war uns klar, dass wir auf jeden Fall einen neuen Besitzerwechsel vermeiden sollten, und wir haben Nanouk nicht nur in unser Herz, sondern auch in unser Rudel aufgenommen. Jedes Lebewesen sucht bei so dramatischen Ereignissen wie einer Entführung aus der eigenen Familie heraus jemanden, an dem es sich orientieren kann. Deshalb rate ich jedem, einen neu ins Haus genommenen Welpen nicht frei herumlaufen zu lassen, sondern gleich am Anfang Grenzen und Tabus zu setzen, z. B. mit einem gefüllten Mark-

TIPP

Machen Sie nicht den Fehler, auf menschliche Weise mit Ihrem Welpen zu kommunizieren, sondern fangen Sie immer in der hündischen Sprache an. Sie werden eine neue Dimension in der Beziehung mit Ihrem Hund erfahren.

Auf submissive Weise sucht Nanouk Kontakt. Allmählich wird er etwas lockerer.

knochen, der auf hündische Weise tabuisiert wird, wie wir das auch in unserer Welpengruppe zeigen. Wenn der Welpe versucht, den Knochen zwischen meinen Füßen wegzuholen, knurre ich ihn an, fixiere und schubse ihn, wenn notwendig, mit einem zwickenden kleinen Stoß im Nackenbereich von dem Knochen weg. Hierbei zeige ich meine Vorderzähne, wobei die Kiefer aufeinander stehen. Jeder Welpe wird verstehen, dass ein normaler Sozialpartner seine Futterbrocken verteidigt. Ja, Welpen suchen sogar nach jemandem, der in der Lage ist, Ressourcen zu verteidigen. Für den Welpen ist ein auf hündische Weise gesetztes Tabu bei Gegenständen, die für ihn eine Bedeutung haben, nachvollziehbarer als das menschliche Schimpfen, wenn er die goldene Uhr des Urgroßvaters in die Schnauze nimmt. Glauben Sie mir, er wird sich schneller zu Hause fühlen und anfangen, sich an Ihnen zu orientieren.

Knurrend tabuisiert Jan einen Röhrenknochen. Das Züngeln symbolisiert hier ein gehemmtes Betteln.

In der Welpenschule merke ich, dass ich nach dem Tabuisieren des Knochens mit geringen Signalen ein in Streit ausartendes Spiel oder eine Mobbingsituation besser durchbrechen kann, wobei ich nur in leicht gebückter Haltung fixierend in die entsprechende Richtung gehen muss. Die Welpen haben keine Angst, denn sie kommen aufgrund meiner Gestik sofort auf submissive Weise zu mir.

Natürlich darf der Welpe später auch an dem Knochen knabbern, der durch das Tabu sogar extra interessant ist. Ich lege den Knochen dazu auf seine Liegedecke, drehe mich von ihm weg und signalisiere auf hündische Weise: „Ich habe nun genug von der Beute, du darfst die Reste haben." Diese Vorgehensweise hat noch einen positiven Nebeneffekt: Der Welpe knabbert lieber an diesem Knochen als an anderen Sachen.

Interaktion durch Körpersprache

Natürlich können wir Menschen niemals einen anderen Hund als Sozialpartner komplett ersetzen und schaffen es nur, eine komische Art von hündischem Dialekt zu sprechen. Deswegen raten viele Fachkollegen, gar nicht erst auf der kommunikativen Ebene anzufangen, sondern sich am besten auf die Konditionierungsebene zu beschränken, wie man sein Kaninchen, Schildkröte usw. auch konditionieren würde. Ich habe aber erfahren, dass meine Versuche, deutsch zu reden, dankbar von meinem Umfeld akzeptiert wurden, obwohl mein Deutsch anfangs sehr schlecht war. Hunde werden unsere Hundesprache als Bereicherung sehen. Natürlich könnte ich eine Riesenliste von hündischen Kommunikationsformen aufstellen, die für uns Menschen nicht möglich sind. Ich möchte aber lieber beschreiben, wie wir unseren Körper einsetzen können, um Hundesprache zu sprechen.

WICHTIG

Wenn Sie Ihrem Hund gegenüber in der Kommunikation klarer werden, kann es sein, dass Ihr Hund Ihnen gegenüber auch ganz klare Aussagen macht. Wenn also die Beziehung zueinander eine problematische ist, in welcher Form auch immer, ist es ratsam, vorher einen fachkundigen Hundeerziehungsberater zu konsultieren.

Wie kann ich mit meinem Hund interagieren?

Genital- und Analwittern

Sich beriechen lassen ist eine Form von Selbstdarstellung. Hunde beschnuppern auch uns oft im Genital- und Analbereich. Wenn Sie nach Hause kommen und Ihr Hund Sie beschnuppert, müssen Sie nicht, wie die meisten Menschen, Ihren Genitalbereich schamvoll abschirmen. Das würde für den Hund das Gleiche bedeuten, als würden Sie Ihren Schwanz einklemmen, und wäre völlig unsouverän. Falls Sie einen selbstsicheren Eindruck vermitteln möchten,

In dieser mehr oder weniger abverlangenden Position sollte man seinen Hund nicht füttern.

Der Geruch der Analdrüsen vermittelt dem anderen Hund wichtige Informationen.

stellen Sie die Beine etwas auseinander und geben Sie Ihrem Hund die Möglichkeit, Sie ausführlich zu beschnuppern, ohne ihn dabei anzugucken oder etwas zu sagen. Danach gehen Sie ruhig weiter. Frauen können hierbei Rüden gegenüber eine Ausnahme machen, wenn Sie Ihre Periode haben. Denn auch läufige Hündinnen wehren dies häufig ab.

Markieren

In meiner Hundepension haben wir im Wald ein Gehege, das wir den Elefantenkäfig nennen. Hier sind meistens Hunde untergebracht, die mit Menschen Probleme haben, deshalb ist dieses Gehege für menschliche Pensionsbesucher nicht zugänglich. In dem extrem ausbruchsicheren Gehege hält sich meistens eine Gruppe von vier bis fünf Hunden auf. Um diese Tiere versorgen zu können, muss ich natürlich ins Gehege hinein, was ab und zu nur mit dicker Lederhose und -jacke möglich ist. In solchen Fällen betrete ich das Gehege frühmorgens mit gefüllter Blase. Obwohl die Hunde mich anspringen und zwicken, gehe ich zwischen ihnen durch zu einem Baum. Dort setze ich, höher als je ein Hund pinkeln kann, die ersten Tropfen Urin ab und gehe zum nächsten Baum weiter, bis ich alle Bäume im Gehege markiert habe. Nach dem Pinkeln scharre ich regelmäßig auch mal. Dann tausche ich den Wassereimer aus, ohne die Hunde anzugucken. Das hat eine sehr starke Wirkung. Die nächsten Male, wenn ich ins Gehege komme, gehen die Hunde für mich zur Seite und ich kann mich frei im Gehege bewegen.

Bei dem zuerst beschriebenen Empfang signalisieren die Hunde: „Benimm dich hier!“ oder gar „Verpiss dich, denn du bist auf unserem Terrain.“ Beim zweiten Mal ist klar, dass es mein Terrain ist und ich die Hunde dort toleriere. Da ich jetzt aber nicht jedem empfehlen möchte, „wild“ in die Gegend zu pinkeln, lasse ich Kunden in meiner Hundeschule oft nur bestimmte Formen des Markierens ausführen. Bei stark territorial veranlagten Hunden ist es wichtig, nicht nur zu entscheiden, wo diese Hunde sich lösen dürfen, sondern selbst an bestimmten markanten Stellen zu scharren (tun Sie einfach, als hätten Sie Hundekot unter den Schuhen) und den Hund zuschauen zu lassen. Damit übernimmt man die Verantwortung und gibt seinem Hund die notwendige territoriale Sicherheit. Das kann dazu führen, dass wir sogar entscheiden können, dass auch rudelfremde Hunde im Territorium toleriert werden.

Ein Praxisbeispiel aus meiner Hundeschule

Frau Nieren kommt mit ihrem Hund „Uri" zu mir in die Hundeschule. Uri schnuppert nur an der Stelle herum, wo wir trainieren, und interessiert sich anscheinend nicht für das Jagdspiel, das er zu Hause gern mit Frauchen spielt. Ich erkläre Frau Nieren, dass Uri ihr etwas klar machen will – dass es nämlich an der Stelle zu sehr nach anderen Hunden riecht und somit zu unsicher ist, dort zu spielen. Ich lasse Frau Nieren Folgendes tun: Uri wird mitten auf dem Platz abgelegt und Frau Nieren soll an allen vier Ecken des Platzes so tun, als würde sie urinieren. Tatsächlich hebt sie an den vier Ecken das Bein und scharrt danach, wobei Uri Nieren erstaunt zuguckt. Nach dieser Aktion kann Frau Nieren ohne Probleme mit Uri spielen. Jetzt lässt er sich darauf ein. Die Wirkung dieses Verhaltens auf Uri Nieren ist in meiner Hundeschule keine Ausnahme.

Ein Beispiel aus meiner Praxis im Tierheim

Mein Kollege Holger Krasemann und ich beobachten, wie eine Helferin des Tierheims einen Rüden aus seinem Zwinger führt, um mit ihm spazieren zu gehen. Sobald der Hund aus dem Zwinger heraus ist, pinkelt er den nächsten Zwinger an. In dem Gang bricht in null Komma nichts ein Getöse von bellenden Hunden aus. Als wir die Helferin darüber aufklären, welche Bedeutung das Markieren für die anderen Hunde hat, schaut sie uns ungläubig an und sagt: „Er musste doch, weil er im Zwinger nicht pinkelt." Meine Antwort lautet: „Er wartet damit, bis er es auf die gezeigte Weise in der Kommunikation mit den anderen einsetzen kann." Daraufhin bitte ich sie, den Hund gut an der Leine festzuhalten, gehe zum nächsten Pfoten, hebe mein Bein hoch und scharre danach, ohne den Hund hierbei anzuschauen. Obwohl ich ihm den Rücken zugewandt und natürlich nicht wirklich uriniert habe, ist mein Verhalten für den Rüden so provokant, dass er mich direkt attackieren will. Etwas Ähnliches habe ich mal bei einem Hausbesuch bei einem meiner Kunden erlebt, als ich meine Schuhe auf der Türmatte abtrat. Der Hund hat sofort meinen Schuh festgehalten.

Genitalwittern und Genitallecken – die Hündin zeigt sich deckbereit.

Bodenwittern

Auf dem Boden zu schnuppern ist, wie bereits erklärt, häufiger als man annimmt, eine Form der Kommunikation von Hund zu Hund oder von Hund zu Mensch. Vor allem bei den ersten Trainings, wenn ich einen Spaziergang mit den Kunden und ihren Hunden mache, beobachte ich beim Freilauf der Hunde, dass sie keine Reaktion auf den Zuruf ihrer Besitzer zeigen. Wenn ich aber diesen Menschen vorschlage, Suchverhalten am Boden zu zeigen, reagieren die meisten Hunde darauf sehr stark und sind sofort an Ort und Stelle, um mitzuschnuppern. Wir können das „Am-Boden-Schnuppern“ als Mensch einsetzen, um das Interesse unseres Hundes zu wecken. Es vermittelt ihm den Eindruck, wir wären ebenfalls olfaktorisch orientiert. Wenn wir ihn dann auch noch weiter olfaktorisch beschäftigen, z.B. durch Fährtenarbeit, wird er stärker auf uns achten und somit mehr Achtung uns gegenüber entwickeln. Durch unser „Schnupperverhalten“ zeigen wir auch verstärkt die Initiative, statt unserem Hund nur hinterherzulaufen, verhalten uns also eher wie jemand, der die führende Position innehat. Denken Sie an agieren und reagieren: Sie agieren, der Hund reagiert.

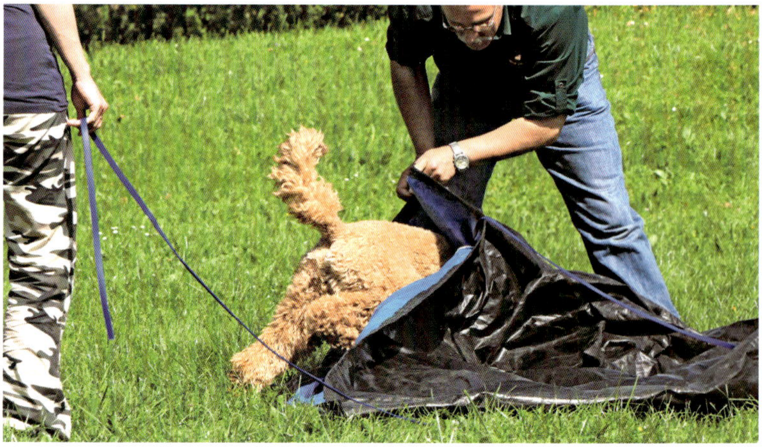

Heulen

Wir genießen es, ab und an abends im Wohnzimmer mit unseren Hunden gemeinsam zu heulen. Natürlich müssen Sie nur selbst beurteilen, welchen Geräuschpegel Sie Ihren Nachbarn zumuten können. Außerdem gibt es viele Hunde, die überhaupt nicht mehr heulen.

Wuffen

Auch wir Menschen können sehr gut „wuffen“, vor allem wenn wir erkältet sind, da Wuffen wie ein anfängliches Husten klingt. Wann könnte man diese Äußerung einsetzen? Da Wuffen ein Alarmsignal ist, kann ich mir höchstens vorstellen, dass dieses Signal einmal die Bedeutung bekommen könnte: „Geh ins Haus zurück!“ oder „Komm zu mir, wir müssen hier weg!“, also als Zeichen für drohende Gefahr. Da ich aber kein Feindbild von der Welt aufbauen möchte, würde ich dafür eher ein Signal mit positiver Bedeutung benutzen. Trotzdem muss gesagt werden, dass Hunde auf dieses Wuffen extrem gut reagieren, und besonders bei Hunden, die bisher noch kein Vertrauen in die Führungsqualitäten ihres Menschen hatten, kann der Mensch damit beweisen, dass er gefährliche Situationen sehr wohl registriert.

Knurren

Das Knurren kann wirkungsvoll zur Korrektur eingesetzt werden. Als Holländer habe ich bemerkt, dass viele Deutsche nicht so gut knurren können, weil sie das R nicht rollen. Das R beim Knurren wird vorn im Mund mit der Zunge geformt. Es sollte kein Geräusch sein, als würde man ersticken. Bayern und Österreicher haben mit der Artikulation meist weniger Probleme. Das Knurren sollte nicht impulsartig, sondern langsam anschwellend ertönen. Dabei werden die Vorderzähne mit geschlossenem Kiefer etwas gezeigt. Man fixiert in vorgebeugter Körperhaltung denjenigen, dem das Knurren gilt. Je nachdem, wie intensiv das Signal sein soll, wird dabei die Nase gekräuselt oder sogar die Stirn gerunzelt.

Wenn der Mensch Suchverhalten am Boden zeigt, ist dieses Signal für den Hund die Aufforderung, mitzusuchen.

Am besten üben Sie das vor dem Spiegel, aber bitte bekommen Sie keinen Schreck vor Ihrem neuen „Shar-Pei-Gesicht“! Intensität und Dauer sind die beiden Mittel, mit denen die Korrektur außerdem dosiert werden kann. Ein kurzes Knurren bedeutet so viel wie: „Lass das sein!“ Ein längeres Knurren mit tieferem Ton (mehr Intensität) und einem Harley-Davidson-Geräusch vermittelt dem Hund, dass er das, was er gerade getan hat, kein zweites Mal versuchen sollte. Hierbei können Sie sich auch mehr nach vorn beugen und Ihre Mimik verstärken. Bitte benutzen Sie dieses Knurren nur beim eigenen Hund und nur dann, wenn Sie schon die führende Position innehaben. Im Rudel wird nämlich nicht akzeptiert, dass ein Rangniedrigerer einen Ranghöheren auf korrigierende Weise anknurrt. Das würde sonst zu Konflikten führen.

Wenn der Welpe trotz gestelltem Tabu doch das Auto verlassen möchte, versucht man mit weniger Gesten das Tabu zu wiederholen.

Fixieren

Wenn der Hund auf das Knurren in erwünschter Weise reagiert, versucht man, mit immer weniger Gesten den gleichen Effekt zu erreichen. Letztendlich sollte ein Fixieren in leicht nach vorn gebeugter Haltung genügen, um einen ähnlichen Effekt hervorzurufen. Fixieren heißt so viel wie festhalten. In diesem Fall bedeutet es: die volle Aufmerksamkeit auf sich ziehen und halten, bis der Hund mit dem unerwünschten Verhalten aufhört und wegschaut, jedoch nicht aus Ignoranz, sondern mit eindeutigen Submissivitätsgesten. Natürlich kann es auch geschehen, dass Ihr Hund auf submissive Weise auf Sie zukommt. Dann stoppen Sie mit Fixieren. Seien Sie sich bewusst, dass Fixieren auch eine Form des Anpiercens sein kann, das im Spiel mit dem Hund nicht unbedingt eine negative Bedeutung hat. Es passt nun mal zum Jagdspiel. Wenn Sie also unterwegs auf ähnliche Weise ein Pferd auf der Weide fixieren oder einem Reh hinterherschauen, braucht mancher Hund nur noch eine kleine Geste, um durchzustarten. Also schauen Sie einfach in eine andere Richtung. Ebenso schenken Sie entgegenkommenden Spaziergängern mit oder ohne Hund wenig Beachtung, falls sie bei Ihrem Hund Spannung hervorrufen. Eine Alternative wäre hier, den Spaziergänger schon von fern mit einem kurzen „Hallo“ zu begrüßen. Sie haben somit agiert und dafür gesorgt, dass der Spaziergänger darauf reagiert, was für viele Hunde zur Entspannung der Situation führt.

Konflikte vermeiden

Das Fixieren wirkt nicht nur auf unseren eigenen Hund, sondern kann auch das Verhalten fremder Hunde beeinflussen. So wird das Fixieren eines Menschen, vor dem ein Hund Angst hat, die Angst sogar noch verstärken und ihn eventuell zu einer verteidigenden Maßnahme zwingen. Auch Menschen, die Angst vor

Bei diesem Labrador-Welpen reicht das leichte nach vorne Bücken und Fixieren aus, damit er im Auto bleibt.

fremden Hunden haben, sollten den direkten Augenkontakt mit diesen meiden und sie eher ignorieren. Grundsätzlich sollte man bei Kontakt mit fremden Hunden immer erst den Besitzer fragen, ob der Hund das mag. Sofern man Kontakt mit einem Welpen aufnimmt, ist es ratsam, den Kleinen anzusprechen und dabei in die Hocke zu gehen, um bedrohliche Gesten (nach vorn gebeugte Haltung und Fixieren) zu vermeiden. Wenn man sich in einer angespannten Situation mit einem fremden Hund befindet, empfiehlt es sich, den Kopf von ihm abzuwenden, stehen zu bleiben und die Arme eng am Körper zu halten. Dieser Ratschlag gilt natürlich nicht für eskalierte Situationen, in denen man sich verteidigen muss.

T-Stellung Wie bereits beschrieben gibt es zwei Formen von T-Stellungen: zum einen die offensive Form, meist vor Beginn eines Konflikts, zum anderen die Abschirmung, die defensiv gemeint ist. Die zweite Form können wir in Situationen einsetzen, in denen sich unser Hund bedroht fühlt.

Ein Praxisbeispiel

Meine Frau und ich sind gemeinsam mit unserer Leonberger-Hündin Jael in einer Kneipe, wo ein kleiner Junge brummend sein Spielzeugauto in Jaels Richtung schiebt und sie dabei anschaut. Darauf guckt Jael leicht verzweifelt zu mir. Ich setze mich zwischen sie und den Jungen und erkläre ihm, dass Jael nicht gern mit Autos spielt und dass sich das Geräusch für sie wie Knurren anhört. Verständnisvoll zieht sich der Junge zurück und setzt sein Spiel etwas weiter weg fort. Jael legt den Kopf auf den Boden und döst weiter. Diese Form der T-Stellung will dem anderen nicht den Weg abschneiden, sondern ihn vielmehr beschützen und wird vom Hund auch so wahrgenommen.

Körperhaltung und Bewegung

Seien Sie sich Ihrer Körperhaltung bewusst! Wie wir uns aufgrund der Körperhaltung und Bewegung einen Eindruck von jemandem verschaffen, so machen sich auch Hunde ein Bild von unserer Persönlichkeit. Wir Menschen können, um uns selbstsicher und souverän darzustellen, eine lockere, entspannte Gangart mit etwas größeren Schritten zeigen. Denken Sie hierbei an den „John-Wayne-Gang" oder, für Frauen, an den „Cat Walk". Imponieren kann man seinem Hund, wenn man langsam und aufrecht mit strammen Beinen geht. Auch ist es möglich, als Form der Warnung schneller und mit hörbaren Schritten auf den Hund zuzugehen.

Das so genannte Leinenführspiel, das ich entwickelt habe, dient dem Aufbau einer gemeinsamen nonverbalen Kommunikation, mit dem Ziel, dass der Hund uns an lockerer Leine oder später ohne Leine folgt. In meinem ersten Buch „Hunde erziehen mit Natural Dogmanship®" habe ich dieses Leinenführspiel ziemlich ausführlich beschrieben, und das dazugehörige Video zeigt anschaulich, auf welche Weise man mit hierbei vorgehen sollte. Sinn und Zweck des Leinenführspiels ist es, dass der Hund uns nicht nur körperlich, sondern auch geistig folgt und stark auf unsere Bewegungen achtet.

WICHTIG

Bei irgendwelchen Formen von Aggressionsverhalten muss das Leinenführspiel abgebrochen werden. Suchen Sie sich professionelle Hilfe.

Der berühmt berüchtigte „John-Wayne-Gang". Jans Gangart ist locker und entspannt.

1) Anspannung: Durch die nach vorne gerichtete Bewegung (akzentuiert durch den Oberkörper) lädt Jan den Husky ein, ihm zu folgen.

2) Verharren: Durch die Stopp-Bewegung und die fast gerade Haltung wird auch die Bewegung des Huskys gebremst.

3) Entspannen: Der Husky versteht Jans entspannte Körpersprache und lässt sich auf ihn ein.

Die ignorant-dominante Phase beim Leinenführspiel

Susi geht selbstbewusst ihren Weg und zeigt sich somit selbständig, also von ihrem Hund unabhängig. Der Landseer reagiert, während Susi durch ihr Auftreten agiert.

Aktiv-dominante Phase beim Leinenführspiel

Susi macht nach einer Wendung deutlich, dass ihr Hund für sie ausweichen sollte, so dass er sie nicht begrenzt. Sie möchte Bewegungsfreiheit haben, und ihr Hund zeigt ihr gegenüber ein respektvolles Ausweichen.

1

2

3

4

Stop-and-Go beim Leinenführspiel

Beim Stopp and Go synchronisiert der Landseer seine Körperbewegung mit der Bewegung von Susi. Ihr Oberkörper lädt ein zum Mitbewegen und gibt danach ein Stopp-Signal.

Das Leinenführspiel verbessert die Kommunikation

Das Endziel des Leinenführspiels ist, die Kommunikation zwischen Mensch und Hund immer weiter zu verfeinern. Das Leinenführspiel soll später nur noch mit minimalem Körpereinsatz ablaufen. Teile dieser Gesten werden in der Kommunikation in der gemeinsamen Zusammenarbeit und im normalen Alltag in verfeinerter Form eingesetzt. Das Leinenführspiel sollte jedoch nicht nur der Klärung dienen, wer nun wem folgt, sondern warum wer wem folgt. Ein Hund wird uns nur körperlich folgen, wenn er uns auch geistig folgen kann. Daher sollte das Leinenführspiel nur als Vorspiel, für die anschließende Zusammenarbeit (z.B. Apportier-/Suchspiele) gesehen werden.

Parentales Versorgungsverhalten

Körperkontakt mit Ihrem Hund ist wichtig. Die Art, wie man Körperkontakt aufnimmt, sagt etwas über die Beziehung aus. So wird Ihr Hund es verstehen können, wenn Sie nach einer Korrektur anfangen, das Fell in seinem Nackenbereich mit Ihrer Hand zu „beknabbern". Das geschieht im Sozialverband von Hund zu Hund auch sehr häufig. Man könnte es als Form der Bestätigung der Rollen „Erzieher" und „Erzogener" betrachten, denn Letzterer muss diese liebevolle Handlung über sich ergehen lassen. Sozialpflege in Form von Maul-, Augen- und Ohrenkontrolle sowie weitere Fellpflege findet bei Hunden untereinander normalerweise nach der gemeinsamen Jagd statt. Eventuelle Reste der Beute werden so aus dem Fell des anderen entfernt. Fellpflege findet also auch gegenseitig statt – auch von Rangniedrigeren zu Ranghöheren. Dabei haben Ranghöhere aber stets die Initiative. Zum Schutz Ihrer Haut oder der Ihres Kindes würde ich die Fellpflege von Hund zu Mensch auf das Lecken beschränken. Wir dagegen betreiben eine ausführliche Fellpflege bei unserem Hund. Sie werden sehen, wie Ihr Hund das genießt.

Pfote auflegen

Wir Menschen können die „Pfot-aufleg-Geste" – am besten nur beim eigenen Hund – in Form einer Umarmung im Schulterbereich praktizieren. Diese Geste bedeutet eine freundliche Bewegungseingrenzung und vermittelt gleichzeitig Geborgenheit.

Kopf auflegen

Auch den Kopf und den Oberkörper beim Schmusen über den Hund zu legen stellt gleichermaßen eine Bewegungseingrenzung und eine Form von Gebor-

Kopf auflegen vom Mensch zu Hund kann in einer vertrauensvollen Beziehung eine starke Zuneigung darstellen. Massage und Körperpflege auf freundliche Art gehören zu parentalem Verhalten.

genheit dar. Muttertiere legen sich auf ähnliche Weise über ihre Welpen. Um den Hund in einer korrektiven Situation auf der Stelle zu fixieren, könnte man das Kopfauflegen mit einer Hand im Nackenbereich nachahmen. Hierzu legt man die Hand mit etwas Druck in den Nacken des Hundes. Das bedeutet so viel wie: „Keinen Schritt weiter!“ Achten Sie darauf, dass Sie dies keinesfalls in einer Konfliktsituation machen und vor allem nicht, wenn Ihr Hund gerade eine Auseinandersetzung mit einem anderen Individuum hat. Hunde benutzen diese Geste, wenn es um Ressourcen wie Futter, Knochen, Liegeplätze usw. geht. Es ist eine starke Dominanzgeste, die Sie sparsam einsetzen sollten. Nochmals möchte ich darauf hinweisen, dass Sie besser ganz darauf verzichten sollten, wenn Sie Rangordnungsprobleme mit Ihrem Hund haben.

Aufreitverhalten

Das Aufreiten ist ebenfalls eine starke Dominanzgeste. Wir Menschen führen diese Geste nicht in Originalform aus, sondern in einer etwas abgewandelten Form, nämlich wie folgt: Der Hund steht zwischen unseren leicht gegrätschten Beinen, während unsere Hände seinen Brustkorb umfassen. Wenn ich das mit meiner Leonberger-Hündin mache, liegt mein Oberkörper also auf ihrem Rücken. Bei kleinen Hunden hocken Sie sich auf die Knie. Hunde benutzen diese Geste sowohl im Spiel als auch im Ernst. Ich würde Ihnen empfehlen, sie nur bei positiver Stimmung anzuwenden, z. B. nach gemeinsamem Spiel oder Schmusen. Die Geste sollte von uns nicht zur Korrektur eingesetzt werden. Grundsätzlich ist Voraussetzung, dass Ihr Hund Vertrauen zu Ihnen hat.

Körperkontrolle ist eine gute Vorbereitung für spätere Tierarztbesuche.

Nackenstoß

Der Nackenstoß ist eine korrektive Maßnahme, die man häufig von Hund zu Hund sehen kann. Je nach Ernst der Lage und Sensibilität des anderen wird der Nackenstoß nur leicht angedeutet oder es wird sogar stoßend gezwickt. Die leicht angedeutete Form besteht in einem flüchtigen Touchieren, das eher keine ernst zu nehmende Korrektur ist, sondern auch beim Spiel beobachtet werden kann und die Funktion hat, die Aufmerksamkeit auf sich zu ziehen. Bei sozialen Korrekturen sieht man normalerweise eine adäquate Beißhemmung. Wenn man den Nackenstoß ganz genau beobachtet, erkennt man, dass mit geöffnetem Maul in den Hals- oder Nackenbereich des anderen gestoßen wird. Erst nach dem Stoß schließen sich die Kiefer. Dadurch ist meist nur etwas Fell zwischen den Vorderzähnen, an dem der Korrigierende womöglich kurz zieht. Es wird also nicht ernsthaft gebissen, sondern eher stoßend gezwickt. Es geht nicht darum Ihrem Hund Schmerzen zuzufügen, sondern lediglich darum, ein unerwünschtes Verhalten sofort zu unterbrechen, um optischen Kontakt mit

Der Nacken des Hundes ist eine sensible, taktile Kommunikationsstelle. Hier zeigt Jan den Nackenstoß: greifend, leicht stoßend ins Nackenfell.

Unten rechts: Beim Über-Schnauz-Griff wird die Schnauze kurz umfasst und der Oberkiefer leicht impulsartig hochgezogen.

Angedeuteter Nackenstoß von Hund zu Hund.

Ihrem Hund wieder herstellen zu können. Diese Korrektur setzt man überraschend ein, wenn kein optischer Kontakt besteht und man ein Verhalten sofort unterbrechen möchte. Wir Menschen können den Nackenstoß mit unserer Hand hervorragend nachahmen. Dazu formen wir die Hand zu einem Schnabel und schnappen hiermit impulsartig – also nicht kräftig (!), sondern schnell – im Nacken- oder sogar im Pobereich zu. Diese Korrektur kann mit gleichzeitigem Fixieren oder gar mit der beschriebenen Drohmimik, eventuell durch Knurren unterstrichen, verstärkt werden. Sobald der Hund mit Submissivitätsgesten (Unterordnung) reagiert, ändert sich unsere Stimmung sofort wieder (entspanntes Gesicht, neutrale Haltung usw.).

Über-Schnauz-Griff

Der Über-Schnauz-Griff kann einerseits als freundliche Geste bei der Begrüßung von Hund zu Hund gezeigt werden und bedeutet dann so viel wie: „Du brauchst nicht zu betteln, ich habe kein Futter." Andererseits wird der Griff als Korrekturmaßnahme bei zu großer Aufdringlichkeit oder auch bei der Verteidigung von Ressourcen eingesetzt. Genau in solchen Situationen können auch wir Menschen den Über-Schnauz-Griff bei unserem Hund einsetzen. Und wie führt man ihn aus? Man greift mit einer Hand über den Fang des Hundes, wobei der Nasenspiegel gemieden wird, zieht kurz den Oberkiefer etwas hoch und lässt ihn sofort wieder los. Man sollte darauf achten, dass es eine Greif-, keine Stoßbewegung ist. Es geht auch hier wieder um Schnelligkeit (Überraschungseffekt), nicht um Kraft. Beim Über-Schnauz-Griff darf impulsartiger geknurrt und eine Drohmimik gezeigt werden.
Den zuerst beschriebenen freundlich gemeinten Schnauzengriff können Sie bei der Begrüßung Ihres Hundes anwenden. Hierbei kann man auf freundliche Weise sogar mit beiden Händen das gesamte Maul umfassen, ohne zuzukneifen. Augenkontakt ist erlaubt, aber unser Gesicht muss entweder entspannt sein oder eine Spielmimik zeigen.

TIPP

Es ist empfehlenswert, alle taktilen Korrekturen erst mal an einem Plüschtier zu üben, damit Sie sie bei Ihrem Hund richtig dosiert einsetzen können.

Anrempeln

Das Anrempeln wird dazu benutzt, den anderen aus dem Gleichgewicht zu bringen. Es wird häufig im Jagd- und Territorialspiel gezeigt, aber auch im sozialen Bereich hat es seine Bedeutung. Es besagt: „Geh zur Seite!" oder, wenn es eher in Form des Anspringens gezeigt wird: „Zeig Respekt vor mir!" Wir können das Anrempeln in positiver Spielstimmung bei unserem Hund einsetzen, aber auch in ernsteren Formen, wobei Teile der Drohmimik gezeigt werden können. Wie rempelt man aber seinen Hund an? Wir stupsen mit der Außenseite unserer Wade, ohne dass es in Treten ausartet, gegen den Körper unseres Hundes (vor allem im Schulter- oder Hüftbereich). Das ist selbstverständlich je nach Hund unterschiedlich zu dosieren. Stellen Sie sich das Anrempeln als Anstupsen mit Ihrem Bein vor. Auch der Hüftschwung ist eine Form von Anrempeln, die wir bei unserem Hund einsetzen können. Dazu dreht man sich impulsartig vom Hund weg, wobei das Bein, das dem Hund am nächsten ist, mehr oder weniger stehen bleibt und die Wade des anderen Beins mit über den Boden schleifendem Fuß gegen den Po des Hundes gestupst wird. Bei vielen Hunden reicht ein Andeuten dieser Geste aus, um dafür zu sorgen, dass sie zur Seite gehen. Der Hüftschwung wird auch bei Verfolgungsspielen unter Hunden gezeigt, wobei derjenige, der sich jagen lässt, die Geste einsetzt, um den anderen daran zu hindern, an seinen Körper heranzukommen. Dazu passt natürlich ein Spielgesicht.

WICHTIG

Bei Zwergrassen ist sowohl vom Anrempeln als auch vom Hüftschwung unsererseits abzuraten.

Jan rempelt Belmondo an. „Geh zur Seite" zeigt er ihm damit, und Belmondo versteht und weicht aus.

Gemeinsames Spiel

1) Nach der Aufforderung zum Spiel ...

2) ... dreht sich Jan rückwärts in Belmondos Richtung, sodass Belmondo ausweichen muss. Dies nenne ich, die „Swing your hips" oder umgangssprachlich „Beweg-Deinen-Hintern-Bewegung".

3–4) Jan dreht sich blitzschnell wieder in die andere Richtung und Belmondo folgt ihm.

5) Jan stoppt abrupt und Belmondo folgt auch dieser Bewegung.

Wie spiele ich mit meinem Hund?

Da Spiel ein wichtiges Mittel darstellt, ohne Aggressionen die Sozialstruktur zu klären und zu festigen, ist es wichtig, wer beim Spiel die Initiative hat. Deshalb sollten wir das Spiel initiieren, die Spielregeln bestimmen und entscheiden, wann das Spiel beendet wird. Gerade dann, wenn das Spiel noch Spaß macht, sollte man aufhören, damit es zwischen Ihnen und Ihrem Hund immer etwas Besonderes bleibt. Verständlicherweise macht das Spiel nur Sinn, wenn wir und unser Hund in der entsprechenden Stimmung sind.

Das gemeinsame Anschleichen ist ein spannungsvolles Regelspiel, wobei der Hund Selbstbeherrschung entwickelt.

Spielregeln

Sie bestimmen die Regeln beim Spiel. Sobald Ihr Hund Ihnen gegenüber zu frech wird, vor allem wenn er Ihnen gegenüber korrektive Maßnahmen anwendet, beenden Sie das Spiel emotionslos. Ihr Hund wird rasch feststellen, dass er nur mit Ihnen spielen darf, wenn er sich Ihnen gegenüber angemessen verhält.

Welche Körpergesten kann der Mensch beim Spiel mit seinem Hund zeigen?

Spielgesicht und Spielaufforderungsgesten

Lachendes Gesicht mit leicht geöffnetem Mund. Wer sich sehr hündisch verhalten will, kann dabei mit leicht heraushängender Zunge oberflächlich hecheln. Sie werden immer mit einem Spielgesicht kombiniert. Man beugt den Oberkörper leicht nach vorn und macht sich etwas kleiner. Nun vollführt man Scheinbewegungen von links nach rechts. Plötzlich dreht man sich vom Hund weg und beginnt zu laufen. Achten Sie darauf: Jagen Sie niemals Ihren Hund! Sie werden es auf keinen Fall schaffen, ihn zu überholen, und machen sich deshalb in seinen Augen nur lächerlich. Sie spielen also immer den Gejagten und verhindern mittels schneller Wendungen, bei denen spielerisch der Hüftschwung und das Anrempeln eingesetzt werden können, dass Ihr Hund Sie überholt.

„Chow-Chi“

So nenne ich den Spannungsaufbau, den ich beim Spiel einsetze, um eine optimale Konzentration des Hundes zu bewirken. Wie kann man diese positive Spannung aufbauen? Die Körpermuskulatur anspannen, etwas in die Knie gehen, eine konzentrierte Gesichtsmimik zeigen und langsame, kontrollierte Bewegungen wie in Zeitlupe zeigen (so genannter „Schleichgang“).

Handgesten

Unsere Hand auf dem Boden symbolisiert so etwas, wie die Nase auf dem Boden zu haben. Später zeigt unsere Hand in die Richtung, in der unser Hund etwas suchen darf.

Das gemeinsame Anschleichen nenne ich "Chow-Chi". "Chow" von Essen und "Chi" von Lebensenergie.

Die richtige Spielform

Spannende Jagdausflüge, bei denen der Mensch als Vorbild dient und so das soziale Lernen im Vordergrund steht.

Spielen ist Üben für den Ernstfall. Deswegen muss man sich gut überlegen, welche Spielformen man wählt. Es gibt territoriale Rangeleispiele, die sehr körperbetont sind und die ich deshalb nicht empfehlen würde. Besser ist ein gemeinsames Jagdspiel, da es kein Gegeneinander, sondern Zusammenarbeit beinhaltet. Bei der Jagd muss man in Jagdstimmung kommen. Dazu setzt man das oben beschriebene „Chow-Chi" ein, um den Hund auf sich zu fixieren.

Jagdliche Beschäftigungsmöglichkeiten

Es gibt unterschiedliche jagdliche Beschäftigungsmöglichkeiten mit unserem Hund, wie z. B. Apportieren, Sucharbeit, Revieren, Sortieren, Fährtenarbeit, Dirigieren auf Distanz oder die „Hetzjagd". Bei der Nasenarbeit und dem Apportieren wird die oben beschriebene Handgeste eingesetzt. So kann später die Handgeste des Menschen (auf die Fährte zeigen) als Aufforderung mitzuschnuppern gesehen werden und symbolisch für das Suchverhalten des Menschen stehen. Fährtenarbeit macht für jeden Hund Sinn. Diese Arbeit kann bis ins hohe Alter getan werden, auch wenn die Sinnesorgane nicht mehr so optimal funktionieren oder der Hund körperliche Beschwerden hat.

Hetzjagd

Weil die Hetzjagd fast allen Hunden Spaß macht, möchte ich sie näher beschreiben. Hierzu bindet man ein etwa anderthalb Meter langes weiches Seil an den Spielgegenstand. Man legt den Hund ins „Down" („Platz") und den Gegenstand mit etwas Abstand zum Hund auf den Boden. Das Seilende hält man in der Hand und entfernt sich langsam („Chow-Chi") von der Beute, sodass sich zwischen Hund, Spielgegenstand bzw. Beute und Mensch ein Dreieck bildet. Ist der Hund konzentriert, zeigt man impulsartig die beschriebene Handgeste in Richtung Beute und schleudert diese jetzt am Seil immer wieder vom Hund weg, sodass er sich Mühe geben muss, um sie zu fangen. Während des Wegschleuderns landet der Spielgegenstand immer wieder auf dem Boden. Anfangs lässt man seinen Hund schneller zum Erfolg kommen, doch später muss man sich mehr Mühe geben, um es für den Hund schwieriger zu machen. Bei vielen Hunden entsteht dabei so etwas wie „Vorstehverhalten", wobei der Hund wie am Boden festgenagelt steht und voll konzentriert auf die Beute schaut. Dann erstarrt auch Ihre Körperhaltung und Sie schleudern erst weiter, wenn der Hund Richtung Beute springt. Einmal lassen Sie Ihren Hund die Beute apportieren, ein anderes Mal fangen Sie sie aus der Luft und drehen sich vom Hund weg, wobei Sie den bereits beschriebenen Hüftschwung einsetzen können, um Ihren Hund von sich fern zu halten. Sobald Sie sich körperlich entspannen, bedeutet das Pause oder Spielende. Achtung: Dieses Spiel kostet den Hund viel Kraft und Energie und sollte deshalb nicht zu lange dauern.

Sofern Sie Interesse an Apportierübungen haben, können Sie in meinem Buch „Hunde erziehen mit Natural Dogmanship®" weitere Tipps und Übungen nachlesen.

Herausforderungen führen dazu, dass Hunde weniger Grenzen in den eigenen Fähigkeiten haben und so ein Wachstum der eigenen Möglichkeiten stattfindet.

Individuell kommunizieren

Unterschiede in der Kommunikation je nach Persönlichkeit

Wie man auf hündische Weise mit seinem Hund kommunizieren kann, habe ich eben beschrieben. Nun möchte ich noch darauf hinweisen, dass man den eigenen Hund am besten durch Beobachtungen bei der Kommunikation mit uns, anderen Hunden und Menschen kennen lernen kann. Die Art und Weise, wie er mit anderen kommuniziert, spiegelt seine individuelle Persönlichkeit. Und wenn wir von ihm gezeigte Gesten in der Kommunikation mit ihm einsetzen, wird er sie genau verstehen. Somit holen Sie Ihren Hund dort ab, wo er sich befindet. Natürlich gibt es hierbei auch klare Ausnahmen. Es macht z. B. keinen Sinn, womöglich gezeigte angstaggressive Verhaltensformen innerhalb der Kommunikation mit unserem Hund einzusetzen, da Angst-Aggression keine Kommunikation zulässt. Angst-Aggression bedeutet nämlich eine Ablehnung des Kontakts und des Sozialpartners in diesem Moment. Genauso wenig macht es Sinn, die Nervosität und Hektik eines hektischen, nervösen Hundes zu übernehmen. Abholen des Hundes, wo er sich befindet, bedeutet also lediglich, die gleichen Gesten einzusetzen wie Ihr Hund. Die Art, wie diese Gesten gezeigt werden, sollte man als Möglichkeit sehen, das Verhalten des Hundes zu beeinflussen. Wenn wir nämlich auf ruhige und souveräne Weise mit ihm kommunizieren, kann das zum Vorbild für unseren Hund werden. Daher sollen Sie nicht unbedingt die Persönlichkeit Ihres Hundes annehmen, sondern nur die gleiche Sprache benutzen.

Bei der Beobachtung Ihres Hundes oder fremder Hunde dürfen Sie nicht vergessen, dass die Kommunikation immer im gesamten Kontext, vor allem im sozialen Kontext, steht und man sich somit fragen muss, warum die gezeigte Kommunikation in dieser Situation wem gegenüber auf welche Weise gezeigt worden ist. Warum ist ein Hund z. B. nervös und hektisch? Ist er vielleicht überfor-

Wie Ihr Hund anderen Hunden gegenüber agiert oder auf diese reagiert, vermittelt Ihnen viele Informationen über seine Persönlichkeit.

dert durch seine Rudelposition, überfordert mit äußeren Reizen (vielleicht schlecht geprägt)? Hat er zu wenig Ruhe und Struktur in seinem Rudel? Ist er womöglich hypersensibel veranlagt oder sogar krank?
So wäre es zu oberflächlich, eine Person, die gerade und mit leicht gespreizten Beinen am Tisch sitzt und die Hände aufstützt, als souverän-dominant einzuschätzen, ohne zu berücksichtigen, dass diese Person aufgrund massiver Rückenprobleme in einer Rückenschule gelernt hat, aufrecht zu sitzen. So hat mir eine Fachkollegin aus Holland berichtet, dass sie auf einem Kommunikationsseminar, das sie besuchte, fast die ganze Zeit verkehrt herum auf ihrem Stuhl saß, wobei sie den Po weit nach hinten streckte und sich mit den Armen auf die Stuhllehne stützte. Am Ende des Seminars wurde jeder Teilnehmer hinsichtlich seiner Kommunikation besprochen. Ihr wurde unterstellt, dass sie die Aufmerksamkeit auf sich ziehen und erotisch wirken wolle. Darauf musste sie herzlich lachen und erzählte den anderen Teilnehmern, dass sie gerade einen Furunkel am Allerwertesten entfernt bekommen habe und nicht anders sitzen könne.

Der Whippet kann trotz seiner submissiven Ausstrahlung sehr wohl auch dominant sein. Der Komondor ist nicht so einfach zu durchschauen: Streichele ich jetzt seinen Po oder seinen Kopf?

Der äußere Anschein kann also trügen. Viele Windhunde etwa haben einen Körperbau, der vom Ausdruck her Submissivität oder sogar Angst symbolisieren könnte. Der Whippet z. B. hat einen sehr grazilen Körperbau, nach hinten angelegte Ohren, einen runden Rücken und meist eine herunterhängende Rute. Dadurch kann man sich gewaltig irren. Der veranlagte Körperbau hat hier nicht unbedingt Konsequenzen für die Persönlichkeit und so kann es sein, dass ein Windhund genauso dominant ist wie etwa ein Husky mit Stehohren und über den Rücken gerollter Rute. Letzterer kann vom Körperbau her aber seine Ohren anlegen und die Rute sinken lassen. Bestimmte Windhunde dagegen bekommen nur ansatzweise die Ohren etwas aufgerichtet und die Rute kann nur geringfügig oder gar nicht hochgestellt werden. Apropos Windhund: Meine Erfahrung hat mich gelehrt, dass es im Gegensatz zu dem, was allgemein über sie gesagt wird – Windhunde müsse man, genau wie Katzen, so akzeptieren, wie sie nun mal seien, ohne sie beeinflussen zu wollen –, sehr wohl möglich ist, sehr verfeinert mit ihnen zu kommunizieren.

Obwohl man nicht pauschalieren sollte, sieht man oft folgende Tendenz: Je gröber ein Hund gebaut ist, desto gröber ist er in seiner Motorik und somit auch in seiner Kommunikation. Meistens sieht man, dass grob gebaute Hunde in der Kommunikation sehr körperlich werden und das eigene Gewicht einsetzen. Je feiner ein Hund gebaut ist, desto verfeinerter ist er meistens auch in der Kommunikation. Windhunde kommunizieren z. B. mit „Pinzettengriff", wie ich es nenne. Es schadet diesen Hunden, wenn das falsche Bild, das von ihnen existiert, aufrechterhalten wird. Diese Typen sind sehr wohl sozial zu beeinflussen und somit zu erziehen. Die einzige Schwierigkeit ist in der Regel, als Mensch mit ihnen genauso verfeinert zu kommunizieren, wie es die Hunde untereinander tun.
Lassen Sie sich auf die Persönlichkeit Ihres Hundes ein! Es kann nämlich sein, dass Ihr Leonberger oder Ihre Deutsche Dogge zwar grob gebaut ist, aber sehr verfeinert kommuniziert. So ist meine Leonberger-Hündin als Welpe mit einem Kurzhaarcollie aufgewachsen und hatte viele Kontakte mit sensiblen Golden Retrievern. Dadurch hat sie eine verfeinerte Kommunikation gegenüber anderen Hunden entwickeln können. Zudem ist sie durch das häufige Spielen mit diesen Hunden für einen Leonberger sehr wendig und schnell. Dagegen ist unser Australian Shepherd aufgrund seiner Vorgeschichte (sehr schlecht geprägt) eher grob in seiner Kommunikation, wobei er allerdings klare Unterschiede von Person zu Person macht. Meine Frau hat anfangs versucht, einfühlsam und fein mit ihm zu kommunizieren. Durch seine Entwicklungsstörung ist seine Selbstwahrnehmung gestört und somit kann er anderen gegenüber nicht so einfühlsam sein. Daher kam die Kommunikationsform meiner Ehefrau leider nicht bei ihm an, weil sie ihn eben nicht dort abholte, wo er sich befand. Somit blieb er bei seiner groben Kommunikationsform. Dagegen habe ich anfangs ziemlich grob und körperlich mit ihm kommuniziert, um dann nach und nach immer weniger Signale zu benötigen, wenn ich mich ihm gegenüber verständlich machen wollte.

Obwohl der Husky Stehohren hat und die Rute hoch über dem Rücken trägt, kann er klare Submissivitätsgesten zeigen, wobei die Rute ganz entspannt nach unten hängen kann und die Ohren zurück gelegt sind.

Verfeinert kommunizieren

Die Kommunikation innerhalb einer Beziehung entwickelt sich so, dass es immer weniger braucht, um sich miteinander zu verständigen. Es kann sich auch eine mehr oder weniger gruppeneigene „Sprache“ entwickeln. Hunde achten sehr stark auf die Körpergesten des Menschen, da dies innerhalb ihrer eigenen Art die wichtigste Kommunikationsform ist. Mit reifender Beziehung lernt unser Hund immer schneller, unsere Körpergesten richtig zu interpretieren. So kann eine im Ansatz gezeigte Geste irgendwann den gleichen Effekt hervorrufen wie früher die vollständige Geste. Ziel und Zweck der Kommunikation sollte es sein, mit möglichst wenig Signalen so viel wie möglich zu bewirken. Das setzt allerdings voraus, dass man sich seiner eigenen Körpersprache bewusst ist.

Beispiel

Eine meiner Kundinnen trainiert mit ihren beiden Hunden gleichzeitig und hat gerade beiden Hunden mit einer Handgeste das „Down“-Signal gegeben. Während sie sich entfernt, nimmt sie beide Arme wieder an den Körper und kratzt sich am linken Oberschenkel. Die Hunde befolgen ihr Signal perfekt und schließen sofort auf. Sie ist überrascht, da ihre Hunde normalerweise ohne Probleme liegen bleiben, und schickt beide wieder auf ihre ursprüngliche Position. Als ich ihr sage, dass sie das Signal „Bei Fuß“ (auf den Schenkel klopfen) gegeben hat, wird klar, dass sie sich dessen nicht bewusst war.

Ein weiteres Beispiel

Mein Onkel, ein echter Sallandse Bauer, hat früher auf seinem Bauernhof sowohl Kühe als auch Schweine gehalten. Er hatte eine Terrierhündin namens „Molly“, die nie ins Haus durfte, sondern auf der Tenne und dem Hof gelebt hat.

Verfeinert kommunizieren vertieft die Beziehung, weil es die Aufmerksamkeit auf die Signale des anderen verstärkt. Astrid und Maisha kommunizieren über feine Körpersignale.

Molly war eine passionierte Ratten- und Mäusejägerin. Sie wusste, dass es vor allem dort, wo das Futter im Schweinestall gelagert wurde, eigentlich immer etwas zu jagen gab. Ich habe mich oft gefragt, wie es sein konnte, dass Molly so fanatisch Ratten und Mäuse jagte, die Hühner und Kaninchen im Auslauf aber in Ruhe ließ. Heute weiß ich, warum die holländischen Bauern Holzschuhe tragen: Die kann man einfach vom Fuß rutschen lassen und gezielt in Richtung des Hundes schleudern. So lebte Molly als echter solitär jagender Terrier auf dem Hof, wo sie ihre eigenen Wege ging und meinen Onkel eher mied – außer wenn er zum Schweinestall wollte. Dann sprang sie auf und lief kläffend schon vor meinem Onkel zum Tor hinaus. Mein Onkel konnte gar nicht schnell genug die Schweinestalltür öffnen. Für ihn war es ein Rätsel, wie Molly, schon wenn er von der Wohnung auf die Tenne kam, wissen konnte, dass er nichts auf der Tenne erledigen, sondern zum Schweinestall gehen wollte – selbst wenn er außerhalb der regulären Futterzeiten kam. Dabei gab es eine einfache Erklärung dafür: In der Regel kam mein Onkel auf die Tenne, um dort irgendwelche Arbeiten zu erledigen, und dann zeigte Molly keine Reaktion. Sie muss schon anhand seiner Blickrichtung seine Intention bemerkt und erraten haben, dass er wohl nicht zum Schweinestall gehen würde. Wollte mein Onkel in den Stall, hat er nicht großartig auf der Tenne herumgeschaut, sondern war in Gedanken bereits in Richtung Schweinestall unterwegs. Also hat er zum großen Tennentor geschaut, wo die Klamotten hingen, die er im Schweinestall immer trug.
Diese Geschichte ist zwar kein Beispiel für eine intensive Beziehung zwischen Mensch und Hund, zeigt aber doch, was für feine Signale ein Hund von uns Menschen ablesen kann. So brauchte mein Onkel nie wieder seinen Holzschuh in Mollys Richtung zu schleudern, weil ihr schon das Geräusch der Holzschuhe genügte, um Hühner und Kaninchen in Ruhe zu lassen. Das erklärt, warum Molly bei Menschen mit Holzschuhen immer ganz „kusch" war, sich aber bei Menschen ohne Holzschuhe, so wie beim Herrn Pastor, höllisch aufregte. Hunde lernen also durch Erfahrung, unsere menschlichen Ausdrucksformen zu deuten, auch die negativen.

TIPP

Da wir unsere Stimme mit Körpersprache kombinieren, lernt der Hund, die Bedeutungen unserer Lautäußerungen zu verstehen. Sind Sie in einer negativen Stimmung, habe ich einen Tipp für Sie: Singen Sie ein fröhliches Lied und beeinflussen Sie somit Ihre Stimmung zum Positiven. Gelingt es Ihnen nicht, machen Sie bitte kein Pflichttraining mit Ihrem Hund, sondern tun Sie nur das Nötigste mit ihm.

Eine innige, zärtliche Geste von Hund zu Mensch.

In jedem Rudel gibt es außerdem eine gruppeneigene Kommunikation. Unsere Leonberger-Hündin empfindet so z. B. als zärtliche Geste, wenn wir ihren Hals und Kopf umfassen und unseren Kopf sanft auf ihren legen. Würden Fremde dasselbe bei ihr tun, würde sie dies als ernst zu nehmende Bedrohung sehen und sich dementsprechend wehren. Logisch, ich schmuse auch am liebsten nur mit meiner Frau und nicht mit irgendeiner.
Auch in menschlichen Familienverbänden herrschen unterschiedliche Kommunikationskulturen. So erinnere ich mich an eine Geschichte von meiner Tochter Dominique. Ich habe meine Kinder niemals wirklich geschlagen, sondern immer nur im Spaß so getan, als ob ich sie schlage. So habe ich z. B. meine Hand auf die Hand meiner Tochter gelegt und meine eigene Hand geschlagen oder ihr in einer positiven Stimmung einen freundlich gemeinten Klaps auf die Schulter oder den Po gegeben. Sie hat dies also nie als erzieherische Strafe kennen gelernt. Im Alter von etwa fünf Jahren kam Dominique verwundert von ihrer Freundin zurück und erzählte erstaunt, dass dort etwas Komisches passiert sei: Der Vater ihrer Freundin habe seiner Tochter einen Klaps gegeben und sie habe daraufhin geweint.
An dem Beispiel sieht man, dass die Strafform „Schlagen" zwar eine instinktmäßige Form der menschlichen Korrektur sein kann, dass die Kultur das aber auch ändern kann. Eigentlich braucht man es nicht. Auch die Verfeinerung der Kommunikation zwischen Mensch und Hund könnte man als primitive Form der kulturellen Entwicklung bezeichnen. Da brauchen wir bei optimaler Kommunikation genauso wenig grob zu werden.

Lautäußerungen

Hunde achten auch auf die Lautäußerungen des Menschen, vor allem wenn sie in der aktiven Kommunikation mit dem Hund als Signal eine Rolle spielen. So kann man die hündische Form der Kommunikation mit unserer menschlichen Form kombinieren. Auf Menschen geprägte Hunde können sehr viele akustische Signale verknüpfen. Wo die Grenzen dieser hündischen Leistung liegen, weiß keiner ganz genau. Es wird von Hund zu Hund sehr unterschiedlich sein.

Die Stimme

Unsere Stimme gibt unsere Stimmung wieder. Wenn man negativ gestimmt ist, hat die Stimme einen anderen Ton als bei Feststimmung. Und es ist der Ton, der die Musik macht. Wir Menschen haben mit unserer Stimme mehr Variationsmöglichkeiten als Hunde. Trotzdem können Hunde den Unterschied in unserer Stimmlage hören. Sind wir froh und ausgelassen, beeinflusst das auch die Stimmung unseres Hundes positiv. Reden wir dagegen auf jähzornige Art, vermittelt unsere Tonlage dem Hund nichts Gutes. Das kann sogar dazu führen, dass sich ein Hund bei einer Frau mit hoher freundlicher Stimme wohler fühlt als bei einer freundlich gemeinten, aber tief brummenden Männerstimme. Da Welpen in der Regel schon beim Züchter mehr direkten Kontakt mit Frauen als mit Männern haben, können sie eine brummende männliche Stimme anfangs leicht falsch interpretieren. Erst wenn solche Hunde eine intensive Beziehung mit einem Mann aufbauen, lernen sie, auch diese Stimmlage richtig zu deuten, und erkennen, dass bei dieser Person eher eine erhöhte aufgeregte Stimme Unheil bedeutet. Männer haben, wenn es um die Stimme geht, nur einen Vorteil gegenüber Frauen: Die Tonfrequenzen, die ein Mann produzieren kann, haben meistens eine größere Bandbreite als die von Frauen. Das würde eigentlich bedeuten, dass wir Männer bessere Möglichkeiten hätten, verfeinert mittels unserer Stimme mit Hunden zu kommunizieren. Meine Erfahrung hat mich jedoch gelehrt, dass Frauen sich meist schneller trauen, die Stimme sehr verfeinert einzusetzen. Da wir nun als Mensch nicht wie ein Roboter mit unserem Hund kommunizieren sollten, sondern mit Gefühl – das wir ihm mit unserer Stimme vermitteln und auf ihn übertragen können –, macht es Sinn, die Stimme auch bewusst einzusetzen.
Wir können z. B. flüstern und dadurch die Aufmerksamkeit unseres Hundes erlangen oder aber mit geflüsterten Signalen eine positive Spannung hervorrufen. Wenn wir langsam mit tiefer Stimme sprechen, kann das dem Hund Ruhe vermitteln. Wenn wir mit hoher Stimme und schnell sprechen, können wir Aufregung vermitteln. Werden die Worte im Stakkato (abgehackt und schnell) gesprochen, so wird das meist negative Aufregung bedeuten. Im Gegensatz hierzu wird rasch, aber fließend Gesprochenes meist als positive Aufregung gedeutet. Je lauter wir Menschen reden, desto höher wird in der Regel unsere Stimmlage. Wenn man also Kommandos auf abgehackte Weise ruft (erhöhte Stimme), passt das nicht zu einer positiven Zusammenarbeit zwischen Mensch und Hund. Denken Sie nochmals an die Kommunikation von Hund zu Hund: Dort bemerkt man, dass die Stimme ebenfalls höher wird, wenn Hunde eine Situation nicht mehr im Griff haben oder gar ängstlich sind. Die klarste Form ist der Schmerzschrei.

Wortsignale

Hunde sind viel stärker akustisch orientiert als ihr Urvater Wolf, für mich ein Zeichen der Neotonie (Infantilisierung), ein Effekt der Domestikation. Wolfswelpen sind nämlich in der ersten Lebensphase besonders stark mit akustischer Kommunikation beschäftigt. Auf dieser Stufe bleiben unsere Hunde also mehr oder weniger stehen. Das direkte Zusammenleben mit Menschen führt dazu, dass unser Hund mit Sozialpartnern konfrontiert wird, die in der Kommunikation extrem viel akustische Signalgebung zeigen. Sein Sozialinstinkt sorgt dafür, dass der Hund die Bedeutung dieser Signale erfahren möchte. Er ist halt auf Kommunikation eingestellt und lässt sich deshalb mehr oder weniger auf seinen Sozialpartner Mensch ein. Daher ist es möglich, menschliche Signale, auch akustische Wortsignale, in die Kommunikation mit unserem Hund einzubauen. Dabei muss er deren Bedeutung natürlich genau wie ein Menschenkind kennen lernen. Er wird die Worte nicht wortwörtlich verstehen, sondern die Vokale, kombiniert mit unserer Stimmlage, mit einem bestimmten Ablauf, einer Situation oder Person verknüpfen. Das bereichert die Kommunikation mit unserem Hund. Sie wird viel differenzierter.

Ein Praxisbeispiel hierzu

Ich bespreche in meiner Hundeschule mit einer Kundin eine bestimmte Übung. Dabei wird der Hund zum Apportieren losgeschickt, soll aber auf halber Strecke durch das „Down"-Signal („Platz") gestoppt werden. Während der Vorbesprechung sitzt der Hund, ein Schwarzer Russenterrier, neben Frauchen. Nachdem die ihn losgeschickt hat, verzögert der Hund sein Tempo auf halber Strecke, bleibt stehen und schaut sich fragend nach ihr um. Auch wenn ich in der Vorbesprechung irgendwelche bekannten Signale wie „Apportieren" oder „Down" sorgfältig meide, hört der Hund aufmerksam mit und weiß meist schon, was Sache ist. Wenn wir die Übungen besprechen, solange der Hund noch im Auto ist, geschieht so etwas nicht.

Die meisten Hunde wissen auch ganz genau, wann in der Familie über sie geredet wird. Unser Australian Shepherd Belmondo ist ein sehr akustisch orientierter Hund, der, wenn er sich angesprochen fühlt, sofort zu einem kommt und erwartet, dass es nun losgeht. Daher hat sich meine Frau im Lauf der Zeit viele andere Namen für ihn ausgedacht. Mittlerweile hört er aber auch auf „Belletje-Mondo", „Mr. B.", „Monthy", „Der Große", „Jean Paul" und sogar auf „Hunde", wobei er, obwohl wir natürlich häufig über Hunde reden, haarfein spürt, wann dieses „Hunde" sich auf ihn bezieht.

Mensch und Hund haben das gleiche Ziel und stehen beide in einer jagdlichen Vorsteh-Position.

Verwirrende Signale

In meiner Hundeschule bemerke ich, dass Menschen häufig ähnliche akustische Signale mit unterschiedlicher Bedeutung benutzen. Als ich als Holländer in Deutschland mit meiner Hundeschule anfing, fiel mir auf, wie viele „ss"-Geräusche es in der Kommunikation mit dem Hund gibt, in unterschiedlichster Bedeutung. Ich liste die Geräusche im Kasten rechts auf.

Dazu kommt, dass vor dem eigentlichen Signal häufig Zusatzsignale gegeben werden, z. B. „Mach Sitz", „Mach Platz" usw. So muss Barry denken, dass er „Barry Mach" heißt. Ein anderes Beispiel ist der seltsame Gebrauch des Signals „Bleib". Besonders gern wird es benutzt bei „Sitz uuund Bleib" oder „Platz uuund Bleib", ja, ab und zu sogar bei „Steh uuund Bleib". Es ist kein einfacher Job, Menschen diese seltsame Signalgebung abzugewöhnen. Akustische Signale müssen sich stark voneinander unterscheiden, damit es in der Kommunikation zwischen Mensch und Hund keine Zweifel mehr gibt. Aber ich gebe nicht so leicht auf – was das angeht, bin ich ein Terrier.

VORSICHT

Verwirrende Signale:
- ***„Sitz" (tz),***
- ***„Platz" (tz),***
- ***„Fuß" (ss),***
- ***„Aus" (ss),***
- ***„Raus" (ss),***
- ***„Pfui ist das!" (ss).***

Beispiel

Herr Babylon zeigt mir in der ersten Trainingsstunde, was sein Hund „Capito" bereits gelernt hat. „Platz uuund Bleib!", fordert Herr Babylon. Capito legt sich hin und bleibt liegen, während sein Herrchen sich von ihm entfernt. Als Herr Babylon zurückkommt, steht Capito auf und wird streichelnd gelobt. Darauf folgt die Übung „Sitz uuund Bleib!", wobei sich Capito, nachdem er sich hingesetzt hat, auf das Wort „Bleib" sofort hinlegt. Sobald Herr Babylon das bemerkt, kehrt er zu seinem Hund zurück und sagt: „Nein, ‚Sitz' hab ich gesagt!" Da greife ich ein: „Stimmt nicht, Herr Babylon, Sie haben ‚Bleib' gesagt." Capito hatte „Bleib" als letztes Signal gehört und es anscheinend mit sich hinlegen und liegen bleiben verknüpft. Ich frage Herrn Babylon, warum er das Wort „Bleib" überhaupt hinzufügt. Er erklärt, er habe gelernt, dass der Hund sonst nicht weiß, was er tun muss, und somit nicht liegen bleibt. Gerade dieses „Bleib" sorgt aber für eine babylonische Sprachverwirrung.

Für Capito wäre es verständlicher, wenn ein gegebenes Signal durch ein anderes Signal, z. B. „Okay" oder „Free", beendet würde. Herr Babylon benutzt aber kein solches Signal. Eigentlich ist das inkonsequent, denn so entscheidet Capito selbst, wie lange Herrchens Signale gelten. Inkonsequenterweise möchte Herr Babylon ab und zu dann doch konsequent sein und unterstreicht seine Signale mit „Bleib", obwohl auch dieses Signal nicht er, sondern Capito beendet. Der Hund hat längst kapiert, dass die Übung jeweils mit Herrchens Zurückkommen abgeschlossen ist. Wenn ich bei Herrn Babylon zu Besuch wäre und er mir sagte: „Bitte setzen Sie sich doch!", müsste er auch kein „Uuund Bleib" hinzufügen, erkläre ich ihm. Er wäre trotzdem derjenige, der bestimmt, wie lange ich sitzen bleiben darf, indem er mir z. B. sagt, dass er gleich noch einen anderen Termin habe. So hat Herr Babylon es geschafft, bei seinem Hund andere Signale zu benutzen, und siehe da, jetzt ist auch für Capito klar, was gemeint ist.

Der "Leckerli-Hund" hat schon zuviele "Aufträge" ohne "Bezahlung" ausführen müssen und fordert diese vehement ein.

Wenn man mehrere Hunde hat

Im Leben eines Hundes gibt es keinen besseren Partner für die Kommunikation als einen seinesgleichen. Wir Menschen sind im Vergleich dazu wirklich nur „Ersatzpartner". Daher sehe ich es für viele Hunde als Bereicherung ihres Lebens an, wenn sie in einer Familie mit mehreren Hunden leben dürfen. Bereichernd ist das allerdings nur für den Hund. Als Mensch kann man in so einer Konstellation, wenn man nicht aufpasst, rasch zum Störfaktor für die Hundebeziehung degradiert werden. Sobald der Punkt kommt, an dem sich die Hunde mit dem Ziel zusammenschließen, unabhängiger von uns Menschen zu werden, ist „Holland in Not". Besonders schwierig ist es, wenn man z. B. zwei Wurfgeschwister vom Züchter kauft und sie zusammenleben lässt. Das ist noch extremer als bei menschlichen Zwillingen, die auch sehr häufig eine durch andere nicht nachvollziehbare, eigene Kommunikation haben. Menschliche Einflussnahme ist bei zwei Wurfgeschwistern meist extrem schwierig, da die Hunde sich von klein auf intensiv auseinander setzen und fest zusammenhalten. Man hat zwei Kinder einer anderen Art, in diesem Fall Hunde, gleichzeitig zu erziehen. Ich persönlich halte es für höchst verantwortungslos, wenn Züchter so etwas zulassen.

Wie kann man nun einerseits seinem Hund diese Lebensbereicherung gönnen und andererseits trotzdem eine gute Kommunikation und somit eine gute Beziehung mit ihm haben? Am vernünftigsten wäre es, mit nur einem Hund (optimalerweise einem Welpen) anzufangen, eine gute Kommunikation und Beziehung aufzubauen. Es darf ruhig ein etwas temperamentvollerer Hund sein. Ein zweiter Hund wird erst dazugenommen, wenn der erste erwachsen und gut erzogen sowie die Beziehung zwischen Mensch und Hund stabil ist. Der zweite sollte im Idealfall weniger temperamentvoll sein, nicht die dominante Rolle im Wurf spielen und, wenn möglich, das gleiche Geschlecht haben wie der erste. Hält man nämlich Rüde und Hündin zusammen, bringt das zusätzliche Herausforderungen für uns Menschen mit sich. Meist bilden Rüde und Hündin ein Paar, dadurch erhöht sich in der Regel das Risiko von Auseinandersetzungen mit rudelfremden Hunden. So sieht man häufig, dass die Hündin den Rüden mit einem leichten Wuffen zu einem rudelfremden Hund losschickt, um territoriale Rechte zu klären.

Arbeiten mit zwei Hunden verlangt vom Menschen eine sehr verfeinerte Kommunikation, damit eindeutig ist, welche Geste für wen gemeint ist.

Es ist wichtig, dass der Mensch die Erziehung des jüngeren Hundes nicht dem älteren überlässt. Wenn nämlich der ältere den jüngeren erzieht, hat der ältere die Neigung, die Selbstständigkeit des anderen weiterzuentwickeln und dessen Möglichkeiten zu stärken, Ressourcen zu verteidigen. So wird sich der ältere Hund zu Hause problemlos vorübergehend vom jüngeren dominieren lassen und ihn zu Rangeleispielen animieren, wobei der ältere als Sparringspartner zu sehen ist. Viele Menschen mit zwei oder mehr Hunden haben aufgrund dieser Tatsache kein klares Bild davon, wie die Rangordnung der Hunde untereinander aussieht.

Sie sehen darin meist eine Bestätigung dessen, was moderne Wolfsforscher vertreten: dass die Führung im Rudel zeit- und situationsabhängig ist. Schließlich übernimmt der ältere Hund draußen die führende Rolle, also wird ein Wechsel in der Führung vermutet. Ich würde das eher als Beweis für die souveräne Führung des älteren sehen. Das läuft in einem Hunderudel oft nicht anders als in einer Menschenfamilie. Auch Kinder lernen zunächst, für ihr Taschengeld Verantwortung zu übernehmen, bevor sie die Firma von Mama oder Papa übernehmen dürfen, wenn die in Rente gehen.
Weil die Hund-Hund-Erziehung unserer menschlichen Zielsetzung, (bleibende Abhängigkeit der Hunde) also entgegensteht, ist es wichtig, dass nicht der ältere Hund den jüngeren erzieht, sondern wir als Menschen diese wichtige Aufgabe wahrnehmen. Hierdurch können wir eine gute Kommunikation mit ihm aufbauen und in seinem Leben eine entscheidende Rolle spielen.
Menschen mit mehreren Hunden genießen einen großen Vorteil, nämlich die Möglichkeit, durch Beobachtung der Kommunikation der Hunde untereinander vieles dazuzulernen. Man kann sich deswegen ein besseres Bild von der Persönlichkeit jedes einzelnen Hundes machen und kann die eigene persönliche Art zu kommunizieren vernünftig auf jede einzelne Hundepersönlichkeit abstimmen. Denn wie gesagt: In einer Hundefamilie ist es öfters nicht viel anders als in einer Menschenfamilie. Wenn Papa zu Mariechen sagt: „Das solltest du besser nicht tun“, fängt sie schon fast an zu weinen, wogegen Bart auf Papas „Lass das gefälligst sein!“ nur mit einem Grinsen reagiert. So wird ein empathischer (einfühlsamer) Mensch seine Kommunikation jedem einzelnen Individuum gegenüber anpassen.

Arbeiten mit mehreren Hunden

Ein Schäfer mit zwei oder drei Hütehunden wird meist für jeden Hund eigene Signale benutzen. So kann er einen Hund nach links, den anderen nach rechts schicken, während er den dritten zu sich pfeift. Diese Signale werden erst mit jedem Hund einzeln geübt, bevor man die zwei oder drei Hunde wie ein Orchester dirigieren kann. Bei unseren Familienhunden wird die Benutzung der Namen in der Signalgebung (Kommandos) besonders wichtig, wenn man sich mit mehreren Hunden gleichzeitig beschäftigt. Auch hier macht es Sinn, als Mensch wie ein Dirigent eine zentrale Rolle zu spielen. Wortwörtlich zentral: Wenn man mit zwei Hunden unterwegs ist, geht man in der Mitte zwischen beiden Hunden, der eine links, der andere rechts. Möchten Sie dann einen von beiden ansprechen, drehen Sie sich nämlich in die entsprechende Richtung und wenden sich gleichzeitig von dem anderen ab. So wird viel klarer, wer gemeint ist. Das ist natürlich nicht möglich, wenn Sie drei oder mehr Hunde haben. Je mehr Individuen in einer Gruppe leben, desto schwieriger und komplexer wird die Kommunikation. Für uns als Mensch ist es daher in der Regel einfacher, wenn wir nur einen Hund in unserem Familienrudel haben.

Während Tascha (im Hintergrund) schon mit der Beute zurückschwimmt, ist Amigo (vorne) von Christian bereits zum Apportieren losgeschickt worden.

Service

Miteinander oder nebeneinander

Wenn Sie dieses Buch gelesen haben, wissen Sie, dass miteinander leben bedeutet, sich auf den anderen einzulassen – seine Bedürfnisse zu kennen, zu respektieren und so weit wie möglich zu befriedigen. Man versucht sich in seine Welt hineinzuversetzen und nicht nur die eigene Wahrnehmung als das einzig Wahre zu sehen. Vielleicht ist Ihnen auch klar geworden, dass unsere Kultur dafür gesorgt hat, dass wir uns unserer eigenen Körpersprache kaum noch bewusst sind. Das macht es natürlich schwieriger, die Körpersprache eines anderen Lebewesens, in diesem Fall unseres Hundes, bewusst wahrzunehmen. Und noch viel schwieriger ist es, diese zu interpretieren. Dazu kommt, dass unsere Kultur durch Menschen geformt worden ist und somit anthropozentrisches Denken (den Menschen zentral stellend) erzeugt, dass also der Mensch sein kulturell geformtes Weltbild in den Hund hineinprojiziert. Das verursacht ein Nebeneinanderherleben: jeder in seiner eigenen Welt, jeder auf der Suche nach der Befriedigung seiner eigenen Bedürfnisse – bis hin zum Gegeneinander, wenn der andere die Bedürfnisbefriedigung unmöglich macht. Das „Wir-Gefühl" ist verschwunden.

Wenn wir uns aber auf den anderen einlassen, bekommen wir auch viel mehr von ihm zurück, sowohl im Positiven wie im Negativen – wie das auch bei engeren Beziehungen unter Menschen ist. Man lernt den anderen besser kennen. Das Leben miteinander bekommt eine tiefere, wertvollere Bedeutung und somit sind die einzelnen Individuen nicht mehr so leicht austauschbar. Mein Motto lautet: Verstehen braucht man zur Verständigung, Verständigung braucht man für eine gute Beziehung, eine gute Beziehung bewirkt ein Miteinander.

In diesem Sinne wünsche ich Ihnen viel Erfolg im Miteinander mit Ihren Mitmenschen, aber natürlich auch weiterhin mit Ihren Hunden!

Grüezi mit dem Hund!

Jan Nijboer

Dank

Den Hund gemäß seinen Veranlagungen erziehen – das ist die von Jan Nijboer entwickelte Philosophie von Natural Dogmanship®. Die Instinkte Ihres Hundes, besonders der Jagdinstinkt, werden hierbei als Kapital für die Erziehung eingesetzt, da Hunde noch immer Beutegreifer sind. Zusammen mit Ihrem Hund gehen Sie auf die Jagd (so wie hier Jan mit Jael). Durch den gemeinsamen Jagderfolg lernt Ihr Hund fast nebenbei, was für ihn überlebenswichtig ist: auf Sie zu achten, Ihnen zu folgen und sich auf Sie zu konzentrieren. Als Beute dient dabei der Preydummy (ein mit Futter gefüllter Leinenbeutel), der gesucht und apportiert wird, bevor gegessen werden darf.

Ein besonderer Dank gilt meinen Kindern. Dafür, dass sie sehr viel Verständnis für meine Arbeit rund um Mensch und Hund gezeigt haben und noch immer zeigen, obwohl wir sehr viel gemeinsame Zeit deswegen vermisst haben. Doch auch hier zählt mehr die Qualität als die Quantität des Zusammenlebens.

Großer Dank gilt auch meiner großen Liebe, meiner Frau Christiane, die mit mir unzählige Stunden an dem Ausarbeiten des Buches verbracht hat. Wie auch bei meinem ersten Buch, hat sie auch hier mein „Holländisch-Deutsch" in Schriftdeutsch verwandelt.

Ein dickes Lob an den Fotografen Karl-Heinz Widmann, der eigens für dieses Buch von Kosmos beauftragt wurde Aufnahmen zu machen. An seinen Fotos, kann man sein „geschultes" Auge und seine Vorliebe für das Lebewesen Hund wieder erkennen.

Ebenso möchte ich mich auch bei meinen Seminarteilnehmern/innen und Kunden/innen der Internationalen Natural Dogmanship® Zentrale bedanken, die bereitwillig ihr Einverständnis für die von Ihnen gemachten Fotos gegeben haben. So werde ich sie noch lange in Erinnerung haben können.

Ein Dankeschön ebenfalls an meine Mitarbeiter/innen der Internationalen Natural Dogmanship® Zentrale, die meine zeitliche Abwesenheit durch das Buch schreiben, sehr engagiert aufgefangen haben.

Vielen Dank der Eberhard-Trumler-Station, dass vor Ort viele Aufnahmen gemacht werden durften. Ebenso Dank an Dirk Roos für die Zusammenarbeit und wichtigen fachlichen Diskussionen.

An den Kosmos Verlag, hier insbesondere an unsere Lektorin Frau Ute-Kristin Schmalfuss, ein Dankeschön für die erfolgreiche Zusammenarbeit, die vor allen Dingen auch noch Spaß gemacht hat.

Last but not least, auch allen, die ich hier nicht aufführen konnte, die mich in meinem Tun und Denken unterstützt haben, ein herzliches Dankeschön.

Über den Autor

Sozialpädagogischer Therapeut und Züchter

Jan Nijboer war ursprünglich im sozial-pädagogischen Bereich im Umgang mit schwerererziehbaren Menschen tätig, bevor er sich immer stärker den Hunden widmete. Von 1980 bis 1990 züchtete er Leonberger und war Vorstandsmitglied im Kynologenverein in den Niederlanden, wo er für den Bereich Hundetraining und Ausbildung der Hundetrainer/innen verantwortlich war.

Hundeerzieher und Trainer von Servicehunden

Seit 1984 befasst sich Jan Nijboer professionell mit der Hundeerziehung.
Er bildete für die Stiftungen Soho (Soziale Honden) und SAM (Servicehonden voor Auditiv en/of Motorisch gehandicapten) Servicehunde aus und war Ausbilder für Hundeerziehungsberater/innen und Servicehundetrainer/innen.

Gastdozent für Tiermanagement

An der Uni Groningen (Niederlande) war er von 1992 bis 1996 Gastdozent für die Studienrichtung Tiermangement.

Natural Dogmanship®

Seit 1996 lebt Jan Nijboer in Deutschland und betreibt in Niederwambach die Internationale Natural Dogmanship® Zentrale, wo er Seminare für Hundehalter/innen anbietet und Hundeerziehungsberater/innen ausbildet. Aus seiner langjährigen Erfahrung entwickelte er die Erziehungsphilosophie „Natural Dogmanship®" eine innovative Betrachtungsweise des Hundes.

Unsinnige Befehle und Gehorsamsübungen gibt es bei Natural Dogmanship® nicht. So wird bei dem Suchspiel auf den Fotos „Down" eine Voraussetzung, um das Jagdspiel weiter führen zu können. Denn nachdem Jan die Beute hier für Biggi versteckt und sie liegend abgewartet hat, ruft er sie zu sich, und sie darf die Beute suchen. Sowohl Hund als auch Mensch profitieren von den gemeinsamen Aktivitäten. Sie werden sehen: Es wird nicht nur Ihrem Hund, sondern auch Ihnen Spaß machen.

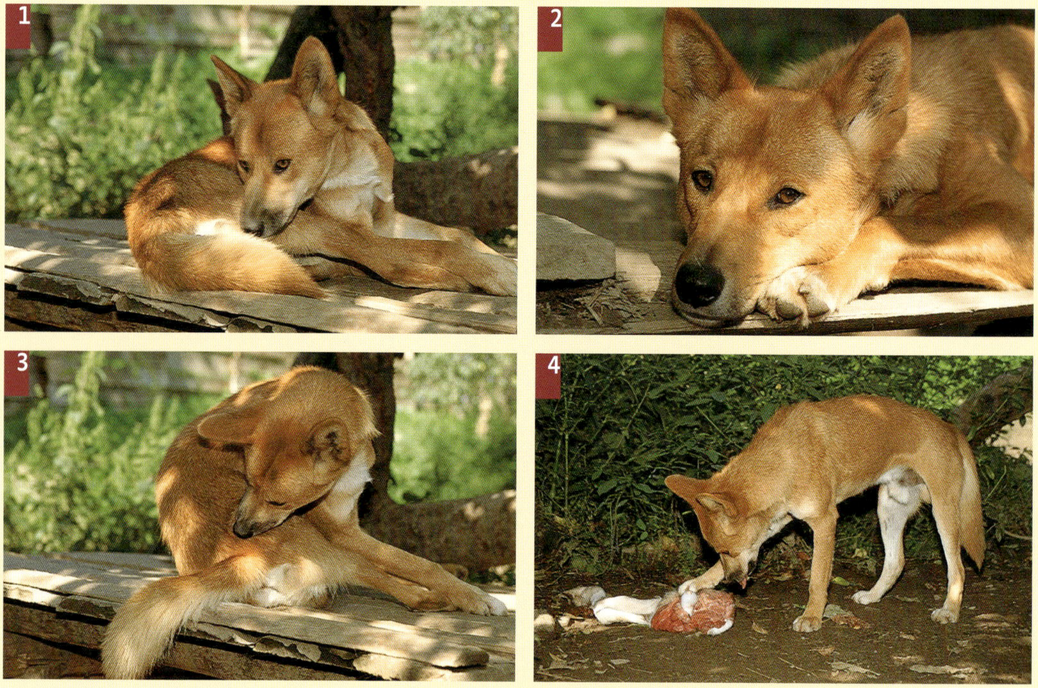

Das australische Dingo-Rudel ist ein relativ junges Rudel auf der Trumler-Station. Deshalb ist es sicherlich interessant, dieses dynamische Rudel einmal zu beobachten. Auch Sie werden dabei wiederum durch die Rudelmitglieder genau beobachtet werden.
Der Alltag von diesen Hunden verläuft sehr harmonisch, da sie einander sehr gut verstehen. Außer den langen Ruhephasen gibt es vor allem aktive Momente während der Fütterung oder während des gemeinsamen Jagdspiels.

„Die Eberhard-Trumler-Station"

Der österreichische Zoologe und Kynologe Erberhard Trumler (1923–1991), international bekannt durch viele Fachbücher und Forschungsarbeiten über Hundeverhalten, gilt bis heute unbestritten als einer der besten Hundekenner überhaupt. Seine Bücher sind Pflichtlektüre für jeden Hundefreund. 1979 gründete er die „Haustierbiologische Station Wolfswinkel" im Westerwald, die nach seinem Tod in „Eberhard-Trumler-Station" umbenannt wurde. Zu den wichtigsten Aufgaben der Station gehört die Erforschung des Sozialverhaltens von Hunden, darunter die Entwicklung in den Jugendphasen sowie der Verhaltenswandel vom Wildhund (Wolf) zum Haushund. In Wolfswinkel leben Familiengruppen ursprünglicher Haushundtypen unterschiedlichster Herkunft sowie Rassehundmischlinge (teils mit Wolfseinkreuzung) in Freigehegen.
Die Fotos auf dieser Seite bzw. S. 25, 41, 77, 81, 83, 87, 90, 112, 116 (türkisch-iranische Straßenhunde), S. 43, S. 48, 104 (australische Dingos) wurden auf der Forschungsstation in verschiedenen Gehegen aufgenommen.
Hundefreunde können die einzigartige Forschungsstation auch besuchen und einige Gehege sogar betreten. Führungen sind an Wochenenden nach telefonischer Voranmeldung (Tel. 0049-2742-6746) möglich. Nähere Informationen finden Sie auf der Homepage www.gfh-wolfswinkel.de bzw. erhalten Sie unter info@gfh-wolfswinkel.de (Adresse S. 242)

Die saudi-arabisch-äthiopischen Hunde und die türkisch-iranischen Straßenhunde der Station

Die türkisch-iranischen Straßenhunde (Fotos 1, 2, 3, 4, 6) zeigen eine große Variabilität in der Fellfarbe. Dagegen sind die saudi-arabisch-äthiopischen Hunde (Foto 5) sehr einheitlich vom Typus.

1) *Auf dem erhöhten Platz hat man die beste Aussicht und bekommt als erstes mit, wann es Futter gibt.*
2) *In so einem großen Rudel muss man schnell sein, um noch einen Teil der Beute zu bekommen.*
3) *Auch dieser junge Welpe muss warten, bis er an der Reihe ist.*
4) *Früh übt sich, wer sich später durchsetzen kann.*
5) *Territoriales Misstrauen bei einem der saudi-arabisch-äthiopischen Hunde.*
6) *Dieser türkisch-iranische Hund beobachtet sein Umfeld eher entspannt.*

Zum Weiterlesen

Dogtale-Hundeschule:
Treibball für Hunde / Treibball for Dogs (DVD).
www.dogtale.de, 2013.
Von der Hand in die Welt (DVD).
www.dogtale.de.

Eibl-Eibesfeldt, Irenäus:
Grundriss der vergleichenden Verhaltensforschung.
Piper &Co. Verlag, 1967.

Feddersen-Petersen, Dr. Dorit:
Ausdrucksverhalten. Mimik und Körpersprache, Kommunikation und Verständigung.
Kosmos Verlag, 2008.
Hundepsychologie. Sozialverhalten und Wesen, Emotionen und Individualität. Mit DVD.
Kosmos Verlag, 2013.

Immelmann, Klaus:
Einführung in die Verhaltensforschung.
Blackwell Wissenschafts-Verlag, 1996.

Jansen, Karin:
Rassespezifisches Jagdverhalten beim Hund.
Oertel + Spörer, 2014.
Rassespezifisches Territorialverhalten beim Hund.
Oertel + Spörer, 2015.

Krämer, Eva-Maria:
Der große Kosmos-Hundeführer.
Mit allen 340 FCI-Rassen und 120 zusätzlichen Rassen.
Kosmos Verlag, 2009.

Krämer, Eva-Maria:
Faszination Rassehunde. Herkunft und Aufgaben, Temperament und Wesen.
Kosmos-Verlag, 2013.

Lorenz, Konrad:
Das sogenannte Böse.
dtv, 1993.

Lorenz, Konrad:
So kam der Mensch auf den Hund.
dtv, 1989.

Mech, David L:
Der weiße Wolf.
Frederking und Thaler, 1998.

Molcho, Samy:
Körpersprache.
Goldmann Verlag, 1998.

Mutschler, Bettina:
Du bist mir wichtig. Bindung in der Mensch-Hund-Beziehung.
Kosmos-Verlag, 2014.

Nijboer, Jan:
Beschäftigung für Hunde.
Kosmos Verlag, 2013.
Hunde erziehen mit Natural Dogmanship®.
Kosmos Verlag, 2012.
Hundeleine: Fluch oder Segen?
Kosmos-Verlag, 2016.
Treibball für Hunde.
Kosmos-Verlag, 2010.
Vom Welpen zum Familienhund.
Kosmos-Verlag 2009.

Sambraus, Hans-Hinrich:
Nutztierethologie.
Paul Parey Verlag, 1978.

Thewes, Klaus H.:
Verhaltensforschung, die uns angeht.
Bertelsmann Lexikon Verlag.

Trumler, Eberhard:
Das Jahr des Hundes.
Kynos Verlag, 1984.
Der schwierige Hund.
Kynos Verlag, 1986.
Trumlers Ratgeber für den Hundefreund.
Piper Verlag, 1998.

Trumler, Eberhard:
Ein Hund wird geboren.
Kynos Verlag, 1992.
Hunde ernst genommen.
Piper Verlag, 2000.
Meine wilden Freunde.
Herausgeber: Gesellschaft für Haustierforschung e.V., 2002.
Mensch und Hund.
Piper Verlag, 2000.
Mit dem Hund auf Du.
Kynos Verlag , 1971.

Trumler, Erika und andere:
Von Hunden und Pferden. Leben und Wirken von Eberhard Trumler.
Kynos Verlag, 2001.

Verwer, Dr. M. A. J.:
Honden van binnen uit.
Van Holkema &Warendorf, Weesp, Niederlande.

Weißgerber, Diana:
Welpenschule.
NaTiGe-Verlag, 2004.

Wohlfarth, Rainer und Bettina Mutschler:
Die Kunst der Hundeerziehung.
Centaurus-Verlag, 2011.

Zimen, Erik:
Der Hund.
Goldmann Verlag, 1998.
Der Wolf.
Goldmann Verlag, 1993.
Wölfe und Königspudel.
Piper Verlag.

Nützliche Adressen

NATURAL DOGMANSHIP®

Natural Dogmanship® Zentrale
Leitung: Jan Nijboer
Steimeler Straße 10
57614 Niederwambach
Tel.: 0 26 84 – 95 63 14
Fax: 0 26 84 - 95 63 15
info@natural-dogmanship.de
www.natural-dogmanship.de
Hier können Sie Preydummys sowie anderes sinnvolles Hundezubehör beziehen.

Gesellschaft für Haustierforschung e.V.
Eberhard-Trumler-Station
Wolfswinkel 1
57587 Birken-Honigessen
Tel.: 0 27 42 – 67 46
info@gfh-wolfswinkel.de
www.gfh-wolfswinkel.de

TASSO
Haustierzentralregister für die BRD e.V.
Frankfurter Str. 20
65795 Hattersheim
Tel.: 0 61 90 - 93 73 00
info@tasso.net
www.tasso.net

Zum Nachschlagen

Hier finden Sie Fallbeispiele

Register

Bildnachweis
266 Farbfotos stammen von Karl-Heinz Widmann/Kosmos, die größtenteils eigens für dieses Buch aufgenommen wurden. Weitere Farbfotos von Heike Erdmann/Kosmos (5 Fotos: S. 44, 45, 62, 69, 187), Thomas Höller/Kosmos (7 Fotos: S. 102, 103, 135, 137li., 172, 173), Jan Nijboer (63 Fotos: S. 31, 122, 123, 140, 162, 163, 164, 165, 208, 209, 210, 211, 212, 213, 218, 219, 220, 221, 226, 227, 228, 231, 242, 243, 244, 245, 246, 247), Christof Salata/Kosmos (53 Fotos: S. 5u., 6u., 33, 47, 50, 51, 56, 68, 78, 83o., 93, 97, 100, 101, 126, 127, 128, 129, 134, 137re., 149, 150, 151, 155, 157, 160, 180 (1d, 1e), 181 (2d, 3d, 2e, 3e), 182, 183, 193, 195, 232, 233, 234, 236, 237, 240) und Monika Stähli (4 Fotos: S. 202, 203, 230).

Impressum
Umschlag von eStudio Calamar unter Verwendung eines Farbfotos von Jana Weichelt (Beagle, Vorderseite) und Antonia Schröder (Rückseite).

Mit 398 Farbfotos

Alle Angaben in diesem Buch erfolgen nach bestem Wissen und Gewissen. Sorgfalt bei der Umsetzung ist indes dennoch geboten. Der Verlag und der Autor übernehmen keinerlei Haftung für Personen-, Sach- oder Vermögensschäden, die aus der Anwendung der vorgestellten Materialien und Methoden entstehen könnten.

Das Buch erschien erstmals 2004 bei Franckh-Kosmos unter dem Titel „Hunde verstehen mit Jan Nijboer" (ISBN 978-3-440-09726-7) und wurde für die vorliegende Ausgabe aktualisiert, überarbeitet und teils neu bebildert.

Gedruckt auf chlorfrei gebleichtem Papier

ISBN 978-3-440-15067-2
Redaktion der Originalausgabe: Ute-Kristin Schmalfuß
Redaktion der vorliegenden Ausgabe: Angela Beck
Gestaltungskonzept: eStudio Calamar
Satz und Layout: Andrea Kunkel
Produktion: Eva Schmidt
Printed in Slovakia / Imprimé en Slovaquie

FSC
www.fsc.org
MIX
Paper from responsible sources
FSC® C084279